は じ め に

本書のねらい

　教科書「電力技術1・2」（工業740，741）の学習内容を，より深く理解し，活用できるように編集してあります。

本書の利用のしかた

　「電力技術1・2」の内容のうち，おもな内容について，学習のポイントを定め，前後のつながりを考えながらも，問題をこまかく分けてつくってあります。また，図を多く示し，やさしい問題も多く，自学自習がしやすいようにくふうしてあります。授業の時間だけでなく，わずかな余暇時間にも利用できます。毎日の予習・復習，夏休みなどの余暇にも利用されることをすすめます。

本書による学び方

1　一般に，読書をする場合，問題意識をもって読み，あれこれ考えていくうちに，学力が高まるものです。このような心構えで学習されることをすすめます。

2　学習のポイントを読み，それにかかわる部分について教科書を調べ，ポイントの内容をまず理解してください。

問題は
・なにか
・どう解くか
・結果は正しいか

問題意識をもって本を読む

3　演習問題を解くとき，問題文をよく読み，また，問題の図をよく見て考えてください。わからないときには，教科書の該当箇所（ページ）を参考に学習してください。

4　教科書としては「電力技術1・2」のほかに，必要に応じて「電気回路」・「電気機器」などを積極的に活用してください。

■ 目　次

第1章　発　電

1 エネルギー資源と電力 （教科書1 p. 11〜18）

--- 学習のポイント ---

1. 発電方式には，エネルギー資源を原動機などの機械エネルギーに変換し，発電機を回転させ発電する方式と，直接，電気エネルギーを得る方式とがある。

2. 発電方式はエネルギー資源により大きく分類すると，火力発電・原子力発電・再生可能エネルギーによる発電（水力発電・太陽光発電・風力発電・地熱発電）などに分けられる。

1 次の表の①〜⑪に当てはまる適切なエネルギー資源と原動機を選び（複数可），記入せよ。

発 電 方 式	エネルギー資源	原 動 機
火 力 発 電	①	②
原 子 力 発 電	③	④
水 力 発 電	⑤	⑥
太 陽 光 発 電	⑦	
風 力 発 電	⑧	⑨
地 熱 発 電	⑩	⑪

エネルギー資源	原動機
水，風，石炭，ウラン，石油，太陽光，天然ガス，天然噴出蒸気	水車，蒸気タービン，風車

2 水力，火力，原子力，再生可能エネルギーによる発電を，発電電力量の割合が大きい順に並べよ。

[ヒント]　教科書電力技術1 p.15 図8

（①　　　　　　　）（②　　　　　　　）（③　　　　　　　）（④　　　　　　　）

3 次の文の（　　　）に適切な語句を入れよ。

右図は一日の電力の（①　　　　　）と（②　　　　　）を表したもので（③　　　　　）曲線という。図中の揚水式水力発電は，夜間の電力を用いて（④　　　　　）げた水を利用して，昼間の需要のピーク時に（⑤　　　　　）する方式で，需要電力の（⑥　　　　　）化をはかっている。

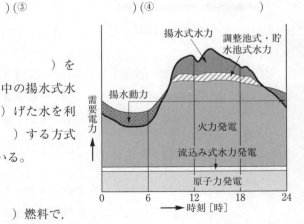

4 次の文の（　　　）に適切な語句を入れよ。

エネルギー資源の多くは（①　　　　　　　）燃料で，その多くは燃焼されると（②　　　　　　　）を発生し，大気中に放出され地球の大気圏に滞留すると（③　　　　　　　）が進むといわれている。このようなガスは（④　　　　　　　）ガスとよばれている。

2 水力発電 （教科書1 p. 19～41）

1 水力発電所の種類(1)（構造面による分類） （教科書 p. 20～25）

学習のポイント
水路式───上流に取水ダムを設けて水を取り入れ，水路によって大きな落差をつくる。

ダム式───ダムによって水をせき止め落差をつくる。

ダム水路式──ダムと水路を利用して落差をつくる。

---

1 各発電方式の施設の名称を（　　　）内に記入せよ。

断面図

水路式発電方式

ダム水路式発電方式

ダム式発電方式

① (　　　　　　　　　)　⑨ (　　　　　　　　　)

② (　　　　　　　　　)　⑩ (　　　　　　　　　)

③ (　　　　　　　　　)　⑪ (　　　　　　　　　)

④ (　　　　　　　　　)　⑫ (　　　　　　　　　)

⑤ (　　　　　　　　　)　⑬ (　　　　　　　　　)

⑥ (　　　　　　　　　)　⑭ (　　　　　　　　　)

⑦ (　　　　　　　　　)　⑮ (　　　　　　　　　)

⑧ (　　　　　　　　　)　⑯ (　　　　　　　　　)

2 次に示した A 群の設備と最も関係の深いものを B 群から選べ。

A 群　(1)　沈砂池　（　　　　）　(2)　サージタンク　（　　　　）

　　　(3)　空気管　（　　　　）　(4)　もぐりぜき　（　　　　）

B 群　(a)　水撃作用の軽減

　　　(b)　水中に含まれている土砂を除去するために水路の途中に設けた池

　　　(c)　水圧管内が真空になるのを防ぐ施設

　　　(d)　川底に土砂を沈殿しやすくするために設けた施設

　　　(e)　圧力トンネル

2 水力発電所の種類(2)（発電所の運用による分類） （教科書1 p. 25〜26）

学習のポイント
---

1. 発電所の運用のしかたによって，流込み式発電・調整池式発電・貯水池式発電・揚水式発電に分類される。

---

1 次の文に当てはまる発電方式を（　　　）に記入せよ。

(1) 河川の自然の流れをそのまま利用する発電方式。

(2) 軽負荷時（夜間など）の余剰電力を使用して揚水して貯水し，重負荷時に発電に使用する発電方式。

(3) 豊水期と渇水期のような長期間の調整のための貯水容量の大きな池をもっている発電方式。

(4) 1日または数日程度の流量を調整できる池をもっている発電方式。

(1) （　　　　　　　　） 発電　　(2) （　　　　　　　　） 発電

(3) （　　　　　　　　） 発電　　(4) （　　　　　　　　） 発電

2 図に揚水式発電の構造を示す。次の(a)〜(f)について，揚水が行われる場合には○，発電が行われる場合には×を（　　　）に記入せよ。

(a) ピーク負荷時

(b) 深夜

(c) 流水の方向が実線

(d) 流水の方向が破線

(e) エネルギー移動が，電動機→ポンプ

(f) エネルギー移動が，水車→発電機

(a) （　　　） (b) （　　　） (c) （　　　）

(d) （　　　） (e) （　　　） (f) （　　　）

3 理論水力(1) （教科書1 p. 26〜31）

学習のポイント
1. ベルヌーイの定理 $h_1 + \dfrac{v_1^{\,2}}{2g} + \dfrac{p_1}{\rho g} = h_2 + \dfrac{v_2^{\,2}}{2g} + \dfrac{p_2}{\rho g} = $ 一定

$\quad$ $g\,[\mathrm{m/s^2}]$：重力加速度，$h_1, h_2\,[\mathrm{m}]$：基準面からの高さ，$v_1, v_2\,[\mathrm{m/s}]$：流速

$\quad$ $p_1, p_2\,[\mathrm{Pa}]$：圧力，$\rho\,[\mathrm{kg/m^3}]$：流体の密度

2. 流量 $Q\,[\mathrm{m^3/s}]$，有効落差 $H\,[\mathrm{m}]$ のとき，水車に供給される動力（1秒間当たりのエネルギー）P_o は，$P_o = 9.8QH\,[\mathrm{kW}]$ で示され，これを理論水力という。

3. 理論水力 $P_o\,[\mathrm{kW}]$ に，水車の効率 η_w，発電機の効率 η_g をかけると，発電機出力 $P\,[\mathrm{kW}]$ になる。すなわち，$P = P_o\,\eta_w\,\eta_g = 9.8QH\,\eta_w\,\eta_g$

4. 揚水ポンプの電動機入力 $P_m\,[\mathrm{kW}]$，揚水に必要な電力量 $W\,[\mathrm{kW \cdot h}]$ は，揚程 $H_p\,[\mathrm{m}]$，時間 $T\,[\mathrm{h}]$，体積 $V\,[\mathrm{m^3}]$ より，$\quad P_m = \dfrac{9.8\,QH_p}{\eta_p\,\eta_m}$ ，$\quad W = P_m T = \dfrac{9.8\,VH_p}{3\,600\,\eta_p\,\eta_m}$

---

1 右図は，水が充満して水管を流下するとき，A面について，流速 $v_1\,[\mathrm{m/s}]$，圧力 $p_1\,[\mathrm{Pa}]$，基準線からの高さ $h_1\,[\mathrm{m}]$ を示している。次の問いに答えよ。

なお，水の密度 $\rho = 1\,000\,\mathrm{kg/m^3}$ とする。

(1) 速度水頭：$h_{v_1}\,[\mathrm{m}]$ はいくらか。

(2) 圧力水頭：$h_{p_1}\,[\mathrm{m}]$ はいくらか。

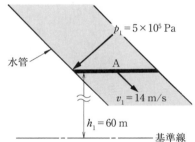

2 基準面から静水面までの高さが $400\,\mathrm{m}$ の水力発電所がある。基準面にペルトン水車のノズルがあるとき，そこから噴出する水の速度 $v_2\,[\mathrm{m/s}]$ を求めよ。ただし，すべての損失を無視する。

3 右図で，水面の高さ $H_a = 104\,\mathrm{m}$，損失水頭 $h_l = 2\,\mathrm{m}$，流量 $Q = 10\,\mathrm{m^3/s}$ のとき，有効落差 $H\,[\mathrm{m}]$ および理論水力 $P_o\,[\mathrm{MW}]$ を求めよ。

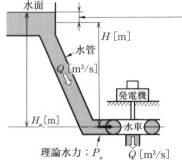

h_l；損失水頭 流水と水管との間には摩擦によるエネルギー損失がある。この損失を水の高さで表して損失水頭という。

4 理論水力 $P_o = 10\,000\,\mathrm{kW}$，水車の効率 $\eta_w = 80\%$，発電機の効率 $\eta_g = 85\%$ であるとき，発電機の出力 $P\,[\mathrm{kW}]$ はいくらか。

5 揚程が $80\,\mathrm{m}$，揚水量が $8\,\mathrm{m^3/s}$ のポンプがある。ポンプの効率 85%，ポンプを駆動する電動機の効率を 95% とするとき，電動機入力 $P_m\,[\mathrm{kW}]$ はいくらか。

4 理論水力(2) （教科書1 p. 31〜32）

学習のポイント

1. ある河川の任意の地点の1年間の流出水量 q [m^3] は，$q = kSR \times 10^3$ で表される。

2. 流況曲線から，豊水量・平水量・低水量・渇水量を求めることができる。

---

1 右図において，流域面積 $100\ km^2$，年降水量 $2\,000\ mm$，
流出係数 0.7 として，次の各問いに答えよ。

(1) A点から流出する年間の流出水量 q [m^3] はいくらか。

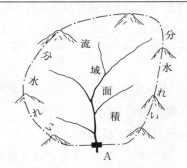

(2) 年間の平均流量 Q [m^3/s] はいくらか。

S：流域面積 [km^2]…A点を含み分水れ
いに囲まれた範囲

R：年降水量 [mm]…1年間に降水した
雨や雪の量で，水に換算した体積の
単位面積あたりの高さ

k：流出係数…降水量のうち，実際にA
点から流出する水量の割合

(3) A点に有効落差 $100\ m$，水車と発電機の総合効率 80%，発電所の年間利用率 60% の水力発
電所をつくった場合，この発電所の最大出力 P_p [kW] と年間発電電力量 W [kW・h] を求めよ。
なお，最大使用流量 Q_m [m^2/s] は，(2)で求めた Q の値とする。

2 次の文の（　　）に適切な語句または数値を入れよ。

流況曲線は，横軸に（①　　　　　　　）を，縦軸に（②　　　　　　　）をとり，流量の

（③　　　　　　　）ものから順に配列して，これらの点を結んだ曲線である。

1年のうち豊水量は（④　　　　　　　）日，平水量は（⑤　　　　　　　）日，低水量は

（⑥　　　　　　　）日，渇水量は（⑦　　　　　　　）日以上発生する流量である。

5 水車の種類(1)　(教科書1 p. 33～35)

── 学習のポイント ──

1. 発電用水車は反動水車と衝動水車があり，反動水車にはフランシス水車，プロペラ水車，斜流水車などがあり，衝動水車にはペルトン水車，クロスフロー水車などがある。

2. 水車の水量調整は，反動水車ではガイドベーンの開度によって，衝動水車では，ペルトン水車はニードル弁，クロスフロー水車はガイドベーンで行われる。

1 次の文の（　　　）に適切な語句または記号を入れよ。
（図参照）

(1) 水圧管の先端が（①　　　　　）になっていると，有効落差（②　　　　　）[m] は全部運動エネルギーとなり，水は（③　　　　　）となって，（④　　　　　）を回転させる。このように，水の衝撃力で回転する水車を（⑤　　　　　）水車といい，（⑥　　　　　）水車がある。

(2) 反動水車は，水圧管の末端が（①　　　　　）につながっており，水は全周囲から充満して（②　　　　　）に流れ込み，ランナから流出するときの（③　　　　　）力と，ランナに流入したときの（④　　　　　）力によって回転する。

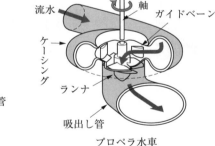

ペルトン水車

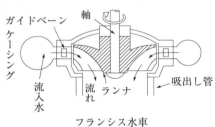

フランシス水車　　　　　プロペラ水車

2 発電用水車について，正しいものには○，誤っているものには×印を（　　　）に記入せよ。

(1) 吸出し管を使用する目的は，水車ランナと放水面との落差の利用および水の運動エネルギーの回収である。

(2) フランシス水車には，デフレクタが用いられている。

(3) カプラン水車は，ランナ羽根の角度を変えることができ，効率のよい運転ができる。

(4) キャビテーションが生じると，金属が侵食されたり，振動や騒音が生じる。

(5) 斜流水車は，低落差用の発電所に用いられている。

(1) (　　　)　　(2) (　　　)　　(3) (　　　)　　(4) (　　　)　　(5) (　　　)

6 **水車の種類(2)** （教科書1 p. 36）

学習のポイント

1. 任意の水車の形と運転状態とを相似に保って大きさを変えたとき，単位落差（1 m）で単位出力（1 kW）を発生させる仮想水車の回転速度を比速度という。

2. 水車の比速度 n_r は，次の式で表される。

$$n_r = n_s \frac{\sqrt{P}}{H^{\frac{5}{4}}}$$

n_s：水車の回転速度 $[\text{min}^{-1}]$　　H：有効落差 $[\text{m}]$

P：ランナ1個またはノズル1個あたりの出力 $[\text{kW}]$

3. 出力の変化に対する効率の変化は，水車の種類によってかなり異なる。

---

1 有効落差 81 m，流量 14.7 m^3/s，水車出力 10 000 kW，比速度 211.6 のフランシス水車の回転速度 $n_s [\text{min}^{-1}]$ はいくらか。

2 次の文は，水車の効率と出力の関係を述べたものである。文中の（　　　）に最も適する語句を下の語群から選び，記号で答えよ。

(1) ペルトン水車は，比速度が（①　　　　）。また，出力の変動に対して効率は，
（②　　　　）である。

(2) カプラン水車は，比速度が（①　　　　）。また，出力の変動に対して効率は
（②　　　　）である。

(3) フランシス水車は，出力の変動に対して効率は（①　　　　）。

〔語群〕

(a) 大きい　　　(b) 小さい　　　(c) ほぼ一定

(d) 変化が大きい　　(e) 変化が小さい

3 右の有効落差と比速度の図から，次の各項に適合する水車名を（　　）に記入せよ。

比速度 600　　……（①　　　　）水車

比速度 150　　……（②　　　　）水車

有効落差 600 m ……（③　　　　）水車

有効落差 200 m ……（④　　　　）水車

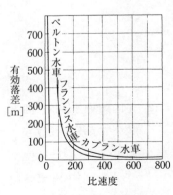

有効落差と比速度

3 火力発電 （教科書1 p. 42〜61）

1 蒸気と熱サイクル （教科書1 p. 43〜45）

── 学習のポイント ──

1. 水や熱のもつエネルギーをエンタルピーといい，〔J/kg〕で表される。

2. 臨界圧力・臨界温度以上では，水と蒸気との区別はつかなくなる。この状態を臨界状態という。

3. 火力発電所のボイラ水のように，いろいろな状態変化を繰り返して，ふたたびはじめの状態にもどる過程を熱サイクルといい，最も基本的なものをランキンサイクルという。

---

1 次の文の（　　　）に適切な語句または数値を入れよ。

(1) 温度が一定で，水を蒸気に変えるために必要な熱エネルギーを（①　　　　　）といい，水を蒸気の状態に変えないままで温度を上昇させるために必要な熱エネルギーを（②　　　　　）という。温度が一定，圧力が一定の状態で沸騰しているときの温度を（③　　　　　），圧力を（④　　　　　）という。ボイラ内の蒸気は飽和水と飽和蒸気との混合物であるが，これを（⑤　　　　　）飽和蒸気という。これをさらに加熱すると（⑥　　　　　）飽和蒸気となる。

(2) 圧力を高くすると，水の沸点（飽和温度）は（①　　　　　）なり，潜熱は（②　　　　　）なる。

　　圧力を（③　　　　　）MPa まで高くすると，飽和温度は（④　　　　　）℃，潜熱は（⑤　　　　　）となり，飽和水と飽和蒸気の区別がつかなくなる。この状態を（⑥　　　　　）状態といい，このときの温度を（⑦　　　　　），圧力を（⑧　　　　　）という。

2 ランキンサイクルについて次の各問いに答えよ。

(1) 図(a)の番号の名称を（　　　）に記入せよ。

① （　　　　　　　　）

② （　　　　　　　　）

③ （　　　　　　　　）

④ （　　　　　　　　）

⑤ （　　　　　　　　）

(2) 図(a)で過熱器は，図(b)のどの部分を受けもっているか。ⓐ〜ⓓのうち正しいものを選べ。

ⓐ AB　　ⓑ BC　　ⓒ CD　　ⓓ DA

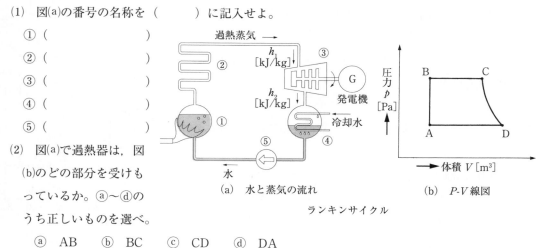

(a) 水と蒸気の流れ　　　　(b) P-V 線図

ランキンサイクル

2　火力発電所の設備　（教科書1 p. 45〜50）

── 学習のポイント ──

1. 火力発電所の燃料には，重油，天然ガス（LNG），石炭などがある。
2. 発電用ボイラには，自然循環ボイラ，強制循環ボイラ，貫流ボイラなどが使用される。
3. ボイラ設備には，燃焼ガスの熱エネルギーを有効に利用するために，過熱器・節炭器・空気予熱器・給水ポンプ・再熱器などが設けられている。
4. 復水器は，蒸気タービンの排気を冷却して水に戻す目的で設備されている。

1　次の各項に適合する燃料の記号を（　　　）に記入せよ。ただし，石炭をA，重油をB，天然ガスをCとする。

(1) 風化・変質しやすい。（　　　）　　(2) 火気に対する危険性が最も大きい。（　　　）

(3) パイプとポンプで輸送できる。（　　　），（　　　）　　(4) 発熱量が小さい。（　　　）

2　次の各項に適合するボイラの記号を（　　　）に記入せよ。ただし，自然循環ボイラをA，強制循環ボイラをB，貫流ボイラをCとする。

(1) 蒸気ドラムを必要とせず，水管だけで蒸気を発生させる。（　　　）

(2) 水・蒸気が自然に循環して蒸気を発生させる。（　　　）

(3) ポンプで強制的に水と蒸気を循環させて蒸気を発生させる。（　　　）

(4) 蒸気の圧力の高い順。（　　　），（　　　），（　　　）

3　次の各項に適合する設備の記号を（　　　）に記入せよ。ただし，節炭器をA，空気予熱器をB，過熱器をC，蒸気ドラムおよび水管をDとする。

(1) 燃焼用空気を加熱する。（　　　）

(2) 水を蒸気にする。（　　　）

(3) 飽和蒸気を過熱蒸気にする。（　　　）

(4) ボイラへの給水を加熱する。（　　　）

(5) 煙道内に設置されている。（　　　），（　　　）

4　次の文の（　　　）に適切な語句を入れよ。

　蒸気タービンの（①　　　　）を冷却水で冷やすと，排気は（②　　　　）して水となり，器内の圧力は（③　　　　）に近い値まで下がる。これにより蒸気はタービン内でじゅうぶんに（④　　　　）して，タービンの羽根車に大きな（⑤　　　　）を与える。このような目的で設備されたものを（⑥　　　　）という。

③ 熱サイクルと熱効率(1)　(教科書1 p.54~55)

─── **学習のポイント** ───

1. 実用化されている熱サイクルには，再生サイクル，再熱サイクルおよび再熱再生サイクルがある。

2. タービンの効率η_t [%]は，タービン入口の蒸気のエンタルピーをh_1 [kJ/kg]，復水器入口の蒸気のエンタルピーをh_2 [kJ/kg]，タービンの使用蒸気量をz [kg/h]，タービンの出力をP_t [kW]とすると，次の式で表される。

$$\eta_t = \frac{3\,600\,P_t}{z\,(h_1 - h_2)} \times 100$$

1 次の文章および図は，火力発電所の熱サイクルの熱効率の向上について述べている。

(1) 次の文の（　　）に適切な語句を入れよ。

　1) 熱サイクルにおいて，基本となるサイクルを（①　　　　　　　）サイクルという。

　2) タービンの途中から蒸気の一部を（②　　　　　）して，（③　　　　　）を加熱するサイクルを（④　　　　　）サイクルという。

　3) 高圧タービンから出た（⑤　　　　　）飽和蒸気を再熱器で加熱し，高温の
　　（⑥　　　　　）飽和蒸気として低圧タービンに用いるサイクルを（⑦　　　　　）サイクルという。

　4) 大容量火力発電所で採用されている1)と2)を組み合せた熱サイクルを
　　（⑧　　　　　）サイクルという。

(2) 右図は(1)の3)で示した熱サイクルである。①~⑤に当てはまる語句を答えよ。

　① (　　　　　　　　　　　)

　② (　　　　　　　　　　　)

　③ (　　　　　　　　　　　)

　④ (　　　　　　　　　　　)

　⑤ (　　　　　　　　　　　)

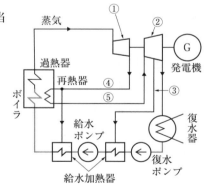

2 発電機出力が18 MW，タービン出力が20 MW，使用蒸気量が80 t/h，蒸気タービン入口における蒸気のエンタルピーが3 550 kJ/kg，復水器入口における蒸気のエンタルピーが2 450 kJ/kgで運転している。このときのタービン効率 [%]はいくらか。

4 熱サイクルと熱効率(2) （教科書1 p.55～57）

学習のポイント

1. 燃料の発熱量に対する発生電力量の割合を発電所の熱効率（発電端熱効率）という。

2. 発電端熱効率 η [%] は，次の式で表される。

$$\eta = \frac{3\,600\,W}{BH} \times 100$$

発生電力量を W [kW·h]，燃料消費量を B [kg]，燃料の発熱量を H [kJ/kg] とする。

3. 発電所における熱エネルギーの入出力および損失の関係を示したものを熱勘定図という。

---

1 出力 500 000 kW の火力発電所で，発熱量 44 000 kJ/kg の重油を毎時 105 t 使用している。所内比率を 4% とすると，発電端熱効率 η [%] および送電端熱効率 η' [%] はいくらか。

(1) 発電端熱効率

(2) 送電端熱効率

[ヒント]

発電端熱効率 η

$$\eta = \frac{発電機で発生した電気出力（熱量換算値）}{ボイラに供給した燃料の発熱量}$$

$$= \frac{3\,600\,W}{BH} \times 100$$

発電された電力の一部は照明やポンプなど発電所で消費される。その電力を所内電力量 W_a といい，発電電力量 W に対する所内電力量 W_a の割合を所内比率 (W_a/W) という。

送電端熱効率 η'

$$\eta' = \frac{発電所から実際に送電される電力（熱量換算値）}{ボイラに供給した燃料の発熱量}$$

$$= \frac{3\,600\,W}{BH}\left(1 - \frac{W_a}{W}\right) = \eta\left(1 - \frac{W_a}{W}\right)$$

2 次の文および図の（　　）に適切な語句を入れよ。

(1) 発電所の熱エネルギーの移動状況をあきらかにするため，熱エネルギーの入出力・損失の関係を示した図を（①　　　　　　　）といい，その例を下図に示す。

(2) 下図の①～⑤に適切な語句を入れよ。

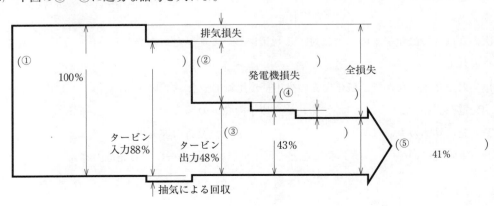

5 省エネルギー対策・環境対策 （教科書1 p.57〜61）

--- **学習のポイント** ---

1. コンバインドサイクル発電は，従来型の火力発電に比べ，熱効率が高い。

2. コージェネレーションとは，一つのエネルギー源から電気と熱などの異なる二つ以上のエネルギーを取り出して利用するシステムのことであり，熱効率が高い。

3. 火力発電所から，燃焼ガスとともに排出される二酸化炭素・硫黄酸化物・窒素酸化物などは，大気を汚染する。これらの排出を抑制するため，大気汚染物質防止対策が施されている。

1 右図の排熱回収方式のコンバインドサイクル発電における燃焼用空気の流れの順序を（　　）に番号①〜④で記入せよ。

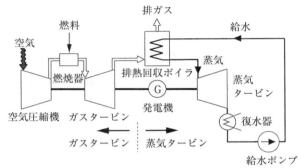

コンバインドサイクル発電（装置線図）

(1) 空気圧縮機　　（　　）

(2) ガスタービン　（　　）

(3) 排熱回収ボイラ（　　）

(4) 燃焼器　　　　（　　）

2 次の文の（　　）に適切な語句を入れよ。

一般の火力発電所においては，（①　　　　　　）の60%以上が排熱となり，利用されていない。そこで，この排熱のもっているエネルギーを地域（②　　　　　　）や給湯などに利用するシステムを（③　　　　　　　　）という。この場合の熱効率は（④　　　　　　）%に向上する。

3 石炭火力発電所において，燃焼によって発生する大気汚染物質を除去するための装置を（　　）に記入せよ。

(1) 窒素酸化物──（　　　　　　　　　　）

(2) ばいじん　──（　　　　　　　　　　）

(3) 硫黄酸化物──（　　　　　　　　　　）

4 次の文は，二酸化炭素の排出に対する対策について述べたものである。（　　）に適切な語句を入れよ。

1) 火力発電のなかで二酸化炭素の排出量が比較的少ない（①　　　　　　　　）を用いた火力発電や，（②　　　　　　）を用いた原子力発電の導入

2) 発電効率のよい（③　　　　　　　　　　）発電の導入

3) 太陽光・（④　　　　　　）発電などの再生可能エネルギーによる発電の導入

4 原子力発電　（教科書1 p.62〜79）

1 原子力発電におけるエネルギー発生のしくみ　（教科書1 p.63〜67）

学習のポイント

---

1. 原子核は，正電荷をもった陽子と電荷をもたない中性子からできている。

2. 陽子の数をその原子の原子番号 Z で表し，中性子数を N とすると，原子核の質量数 A は，$(Z+N)$ で表される。

3. 減少した質量（質量欠損）m [kg] に相当する結合エネルギー U [J] は次の式で表される。

$$U = mc^2$$

ただし，c は光の速さで 3×10^8 m/s である。

4. 原子核の質量は，それを構成する核子の質量の和より小さい。この差を質量欠損という。

5. ウラン原子核に中性子を当てると，ウラン原子核は分裂して，他の2種類の原子核が生成される。これを核分裂という。

---

1 次の文の（　　　）に適切な語句を入れよ。

原子核は正電荷をもった（①　　　　　）と，電荷をもたない（②　　　　　）からできている。陽子と中性子を総称して（③　　　　　）という。

2 次の文中の（　　　）に適切な語句または記号，Z, A, N を入れよ。

原子番号 Z, 質量数 A の原子核は，（①　　　　　）個の陽子と，N 個の中性子とが結合してできている。これらの陽子と中性子は総称して核子といい，その総数は（②　　　　　）個である。

原子番号が同じで（③　　　　　）が異なるものは（④　　　　　）という。原子番号92，質量数235のウラン原子を表記すると（⑤　　　　　）となる。

3 リチウムは，図(a)のように，陽子3個，中性子4個から構成されている。核子として単独にばらばらに存在するときの質量の総和 S [u] を求めよ。

陽　子：1.007 u
中性子：1.009 u

リチウム ^7_3Li の
原子核：7.014 u

(a)　核子・原子核の模型と質量

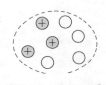

核子のあつまり：S [u]
$S > 7.014$ u
質量欠損 $= S - 7.014$ u

(b)　リチウムの質量欠損

4 リチウム原子核の質量は $7.014 \, \text{u}$ である。質量欠損はいくらか。

5 原子力発電所における $4 \, \text{g}$ のウラン 235 は，エネルギーに換算すると，およそ何 L の重油に相当するか。ただし，ウラン 235 の質量欠損を $0.09 \, \%$，重油の発熱量を $41\,000 \, \text{kJ/L}$ とする。

6 下のわくの中から適切な語句を選び，次の文の（　　　）に記入せよ。

（①　　　　　　　　　　）の原子核が（②　　　　　　　　　　）を吸収すると不安定になり，下式および下図のように，二つの（③　　　　　　　　　　）に分裂し，同時に，2〜3個の中性子ができる。このような原子核の分裂現象を（④　　　　　　　　　　）という。

原子核　　核分裂　　ウラン $^{235}_{92}\text{U}$　　中性子 $^{1}_{0}\text{n}$　　核分裂生成物

$$^{235}_{92}\text{U} + {}^{1}_{0}\text{n} \longrightarrow {}^{236}_{92}\text{U} \text{（不安定）} \longrightarrow {}^{95}_{42}\text{Mo} + {}^{139}_{57}\text{La} + 2{}^{1}_{0}\text{n} + 7\text{e}$$

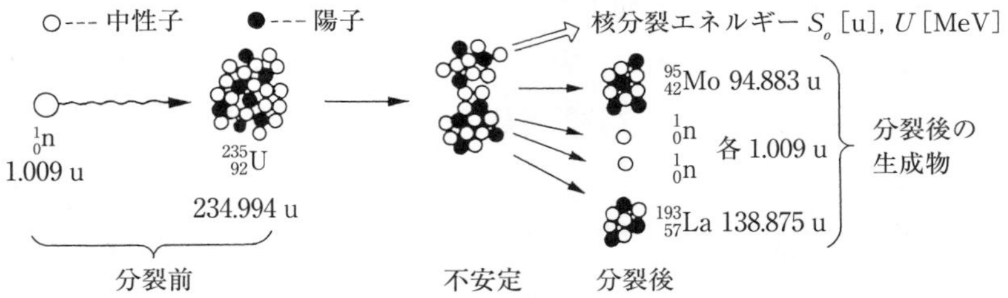

○--- 中性子　　●--- 陽子　　　核分裂エネルギー S_o [u]，U [MeV]

$^{1}_{0}\text{n}$ $1.009 \, \text{u}$　　$^{235}_{92}\text{U}$ $234.994 \, \text{u}$

$^{95}_{42}\text{Mo}$ $94.883 \, \text{u}$
$^{1}_{0}\text{n}$
$^{1}_{0}\text{n}$ 各 $1.009 \, \text{u}$
$^{193}_{57}\text{La}$ $138.875 \, \text{u}$

分裂後の生成物

分裂前　　　　不安定　　分裂後

ウランの核分裂と質量

7 次の文の（　　　）に適切な語句を入れよ。

1個の熱中性子が $^{235}_{92}\text{U}$ の原子核に吸収されて（①　　　　　　　　）を起こし，その結果発生した（②　　　　　　　　）のうち少なくとも1個が減速して（③　　　　　　　　）になり，次の $^{235}_{92}\text{U}$ の原子核に吸収され，同様の（④　　　　　　　　）反応を起こせば核分裂は連鎖的に持続される。この現象を（⑤　　　　　　　　）という。

② 原子炉の構成 （教科書1 p.67~68）

┌─── **学習のポイント** ─────────────────────────────────┐
1. 原子炉で使用される燃料を原子燃料という。

2. 原子炉は，原子燃料のほか，減速材・冷却材・反射体・制御棒などで構成される。
└───┘

1 次の文の（　　　）に適切な数値または語句を入れよ。

(1) 天然ウラン中に含まれる^{235}U は約（①　　　　　　　　）
　　% で，残りは核分裂を起こしにくい（②　　　　　　　）
　　である。

(2) ^{235}U の濃度を（①　　　　　　　　）% 程度に濃縮し
　　たものを（②　　　　　　　　）という。また，濃縮度
　　が（③　　　　　　　　）% を超えるものを
　　（④　　　　　　　　）という。

(3) ^{235}U や^{239}Pu のように核分裂を起こし，連鎖反応を持
　　続できる物質を（①　　　　　　　　）という。

(4) ^{238}U や^{232}Th のように中性子を吸収して核分裂性物質
　　になる物質を（①　　　　　　　　）という。

[ヒント]

〔原子燃料〕

(1) 教科書 p.67 参照。

(2) 教科書 p.68 側注❼参照。

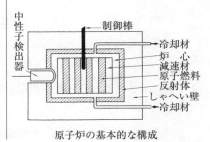

原子炉の基本的な構成

2 次の文の（　　　）に適切な語句を入れよ。

(1) 減速材は，高速中性子を（①　　　　　）中性子に減速するために使用され，（②　　　　　），
　　（③　　　　　），（④　　　　　）がよく用いられる。

(2) 炉心で発生した（①　　　　　　　）を外部へ取り出すものを冷却材といい，
　　（②　　　　　　　），（③　　　　　　　）などがよく用いられる。

(3) 反射体は（①　　　　）が炉心から漏れるのを防ぐためのもので，（②　　　　　），
　　（③　　　　）などが用いられる。

(4) 制御棒は，炉心の（①　　　　　）を吸収して核分裂の起こる（②　　　　　）を制御するも
　　ので，制御材としては，（③　　　　　　），（④　　　　　），（⑤　　　　　）などを棒状
　　にして用いる。

(5) 核分裂連鎖反応において，核分裂反応が起きる割合が増加も減少もせず，一定の割合で持続
　　される状態を（①　　　　　　　）という。

③ 軽水炉のしくみ・原子燃料サイクル　（教科書1 p. 68〜73）

┌───┐
学習のポイント

1. 軽水炉には，沸騰水型原子炉と加圧水型原子炉などがある。

2. ウラン濃縮・燃料製造・使用済燃料の再処理，放射性廃棄物の処理・処分のすべてのプロセスを総称して原子燃料サイクルという。
└───┘

1 次の文の（　　）に適切な語句を入れよ。

(1) BWR は（① 　　　　　　　　）原子炉の略称である。

(2) PWR は（① 　　　　　　　　）原子炉の略称である。

(3) BWR では，（① 　　　　　　）で発生した蒸気で直接タービンを駆動する。これに対して PWR では（② 　　　　　　）において，一次冷却水の熱により，二次冷却水を（③ 　　　　　　）に変えて，タービンを回転させ発電する。

2 次に示した機器のうち，加圧水型原子力発電所の構成機器はどれか，該当する番号に○印をつけよ。

① 冷却材ポンプ　　② 再循環ポンプ　　③ 原子炉格納容器

④ 気水分離器　　　⑤ 蒸気発生器　　　⑥ 原子炉圧力容器

3 図の①〜⑥の施設名を下の語群から選び記号を記入せよ。

〔語群〕

(a) 再転換工場　　　　　(b) 使用済燃料中間貯蔵施設　　　(c) 再処理工場

(d) ウラン濃縮工場　　　(e) MOX 燃料工場　　　　　　　(f) 転換工場

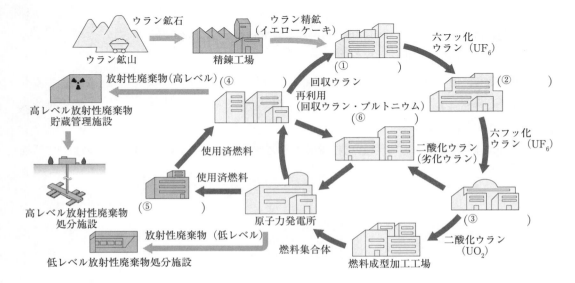

5　再生可能エネルギーとその他のエネルギーによる発電　（教科書1 p. 80〜90）

── 学習のポイント ──

1. 再生可能エネルギーとは水力・太陽光・風力・地熱・バイオマスなど，化石燃料以外で自然界につねに存在し，永続的に利用できるエネルギーをいう。

2. 太陽光発電システムは，太陽電池アレイ・接続箱・パワーコンディショナ・分電盤などで構成される。

3. 風力エネルギー P [J/s] は，風車の受風面積 A [m^2] に比例し，風速 v [m/s] の3乗に比例する。ρ を空気密度 [kg/m^3] とすると，$P = \dfrac{1}{2} A \rho v^3$ で表される。

4. 燃料電池は固体高分子形・リン酸形・溶融炭酸塩形・固体酸化物形に分類される。

1　次の各問いに答えよ。

(1) 次は太陽光発電の記述である。右わくの中から適切な語句を選び（　　　）に記入せよ。

- エネルギー源が（①　　　　　）にある。
- 発電時に（②　　　　　）を排出しない。
- 構造が単純で，保守が（③　　　　　）である。
- （④　　　　　）条件に左右される。
- 発電効率が（⑤　　　　　）。
- 広大な（⑥　　　　　）を必要とする。

体積	自然	低い
容易	高い	無限
CO_2	SO_x	面積

(2) シリコン系太陽電池は，薄膜系・単結晶・多結晶に分類される。変換効率が大きい順に並べよ。（①　　　　　）（②　　　　　）（③　　　　　）

2　次の文の（　　）に適切な語句または数値を入れよ。

(1) 太陽電池の基本単位は，（①　　　　　）とよばれ，（②　　　　　）V前後の電圧が発生する。これを直並列に接続したものを（③　　　　　）といい，これをさらに直並列接続して配列したものが（④　　　　　）である。

(2) 接続箱は逆流防止（①　　　　　）と（②　　　　　）で構成され，パワーコンディショナは（③　　　　　）および（④　　　　　）から構成される。

3　次の文の（　　）に適切な式または語句を入れよ。

空気の質量を m [kg]，風速を v [m/s] とすると，風力発電の風車が1秒間に受ける風の運動エネルギー W [J] は，$W =$（①　　　　　）になる。空気の質量 m は，風車の受風面積を A [m^2]，受風時間を t [s]，空気密度を ρ [kg/m^3] とすると，$m =$（②　　　　　）となる。よって，風車で得られる1秒あたりの風力エネルギー P [J/s] は，$P =$（③　　　　　）で表され，風速の（④　　　　　）に比例する。

4　次の文の（　　）に適切な語句を入れよ。

燃料電池発電は，（①　　　　　）と空気中の酸素とを化学反応させて電気を発生させる発電方式で，（②　　　　　）を電気分解する場合と（③　　　　　）の化学反応を利用している。

第2章 送 電

1 送電方式 （教科書1 p. 97〜104）

学習のポイント
---

1. 送電電圧を高くするほど，送電効率はよくなり，送電用電線の断面積も小さくできる。

2. 送電電圧について，公称電圧の標準となる電圧，すなわち標準電圧が定められている。

---

1 次の文の（　　　）に適切な語句を入れ，問いに答えよ。

(1) 一定の距離に，一定の電力を送る場合，電線の電力損失は，受電端電圧の（① 　　　　）に反比例する。

(2) 送電線路の電力損失には，抵抗損，（① 　　　　）損，（② 　　　　）損などがあるが，大部分は抵抗損である。

(3) 三相3線式電線において，受電端電力 P，線路抵抗 r，負荷力率 $\cos\theta$ をそれぞれ一定として，受電端電圧 V_r を2倍にすると，電線の全抵抗損 P_l は何倍になるか。

(4) 電線1本当たりの抵抗が $10\,\Omega$ の三相3線式送電線路がある。受電端電圧 $60\,\mathrm{kV}$，負荷の力率を 0.8 に保って，線路の抵抗損を受電端電力の 10% 以内とするとき，受電できる電力 $P\,[\mathrm{kW}]$ はいくらか。

［ヒント］

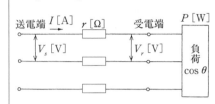

V_s……送電端電圧 [V]

V_r……受電端電圧 [V]

I……線路電流 [A]

r……線路の電気抵抗 [Ω]

$\cos\theta$……負荷の力率

P……受電端電力 [W]

P_l……送電線路の電力損失 [W]

$$P_l = 3\,rI^2 = \frac{rP^2}{V_r{}^2\cos^2\theta}$$

$\dfrac{P}{P+P_l}$ …送電効率

p…電力損失率

$p = \dfrac{P_l}{P}$

2 次の文の（　　　）に適切な語句を入れよ。

電線路を代表する送電電圧を，その電線路の（① 　　　　）という。この（① 　　　　）が電線路によってまちまちになると，使用機器の（② 　　　　）が多種・多様となり，製造原価が高くなり，（③ 　　　　）に不利になるばかりでなく，他の系統との（④ 　　　　）が複雑になる。

2 送電線路 （教科書1 p. 105〜125）

1 架空送電線路 （教科書1 p. 105〜108）

--- **学習のポイント** ---

1. 架空送電線路に用いる電線として必要な条件には，導電性がよいこと，機械的強さが大きいこと，価格が安いことなどがある。

2. 鋼心アルミより線（ACSR）は超高圧用電線として使用される。

---

1 次に示したものは，代表的な送電用電線の略称である。（　　）にその名称を記入せよ。

HDCC　（①　　　　　　　　　　）

ACSR　（②　　　　　　　　　　）

TACSR　（③　　　　　　　　　　）

IACSR　（④　　　　　　　　　　）

AC　　　（⑤　　　　　　　　　　）

2 次の文の（　　）に適切な語句を入れよ。

(1) 鋼心アルミより線は，中心に（①　　　　　　　　）を用いて引張り強さを（②　　　　　　）し，そのまわりに（③　　　　　　　　）をより合わせて導電性をもたせたもので，（④　　　　　　）と略称する。同じ長さで，等しい抵抗値をもつ硬銅より線に対し，質量が（⑤　　　　　　）く，引張り強さが（⑥　　　　　　）ので，（⑦　　　　　　）径間に適し，また，外径が（⑧　　　　　　）ので，コロナ放電が発生しにくく，超高圧用電線として広く用いられている。

大容量送電用として，電流容量の大きい（⑨　　　　　　　　　　　　）が使用されている。

(2) 大電力送電に用いる超高圧送電線では，複数の電線を用いた（①　　　　　　　）が採用されている。これは，高い電圧のもと（②　　　　　　　）を防止するとともに，（③　　　　　　）を流すためで，1相あたり2本のACSRを架線したものを（④　　　　　　），4本を架線したものを（⑤　　　　　）送電線という。

3 次の文の（　　）に適切な語句を入れよ。

架空地線は（①　　　　　　）の頂上部に（②　　　　　　　）とは別に架設した線で，鉄塔を通して（③　　　　　　）されており，誘導雷や（④　　　　　　）雷に対する保護効果が大きい。

2 架空送電線路の機械的特性 （教科書1 p. 109〜112）

--- **学習のポイント** ---

1. 架空電線を支持物に取り付けると，電線の中央部にたるみを生じるが，このたるみは，安全で，かつ合理的に設定されなければならない。電線のたるみ D [m] および電線の実長 L [m] は，次の式で表される。

$$D=\frac{WS^2}{8T} \qquad L=S+\frac{8D^2}{3S}$$

2. 支線は鉄筋コンクリート柱などの荷重の一部を分担し，支持物の倒壊，傾斜などを防止する。鉛直に設置されている支持物の支線の引張強さ T [N] は，次の式で表される。

$$T=\frac{1}{\sin\theta}P$$

3. 電線の振動には，要因によって微風振動・ギャロッピング・サブスパン振動・スリートジャンプなどがある。

1 次の文の（　　　）に適切な語句を入れよ。

　たるみが小さいと，電線は（①　　　　）く，鉄塔も（②　　　　）くてすむが，電線に大きな（③　　　　）が働き，断線のおそれがある。反対に，たるみが大きくなると，（③　　　　）は小さくなるが，電線を規定値以上の高さに保つために鉄塔を高くしたり，電線相互や樹木などに接触して（④　　　　）や（⑤　　　　）事故を起こすおそれがある。したがって，電線のたるみは，（⑥　　　　）で，かつ合理的に設定されなければならない。

2 径間 200 m の架空送電線がある。電線の荷重が 15 N/m，水平引張強さが 20 000 N のとき，電線のたるみ D [m] を求めよ。また，このとき電線の実長 L [m] は，径間に比べていくら伸びているか求めよ。

3 支持物が鉛直に設置されている架空電線の水平方向の引張強さが 8 kN のとき，支線の引張強さ T は何 kN か求めよ。ただし，支線と支持物との角を 30° とする。

4 次の文の（　　　）に適切な語句を入れよ。

　電線が微風によって上下に振動する微風振動の対策としては，電線に（①　　　　）を取り付け，電線の振動エネルギーを吸収して断線を防止している。また，電線を保持しているクランプに（②　　　　）という金具を用いて補強している。

　電線に氷雪が付着し揚力によって振動する（③　　　　）にはダンパや（④　　　　）を用いる。また，付着した氷雪が脱落し，反動で電線がはね上がる（⑤　　　　）現象を防止するには（⑥　　　　）電線を用いる。または，送電線の上下配列に（⑦　　　　）を設けて電線どうしが接触しないようにしている。

3 架空送電線路の電気的特性 （教科書 1 p. 112～115）

--- 学習のポイント ---

送電線路には，電線の種類・断面積・配置によって定まる抵抗・インダクタンス・静電容量などがあり，これらを線路定数という。

1 長さ 300 km の三相 3 線式送電線路がある。アルミニウムの断面積が 800 mm² の鋼心アルミより線の抵抗 R はいくらか。ただし，抵抗率を $\frac{1}{35}$ Ω・mm²/m とする。

[ヒント]

R [Ω]…送電線 1 本の抵抗

$$R = 1\,000\,\rho\frac{l}{A}$$

L [mH/km]…作用インダクタンス

$$L = 0.460\,5\log_{10}\frac{D}{r} + 0.05\,\mu_s$$

2 こう長 50 km の三相 3 線式送電線路の線間距離 2.5 m で直径 16.0 mm の硬銅線の電線 1 本の 1 km 当たりのインダクタンス L [mH/km] を求めよ。ただし，比透磁率を 1 とする。

C [μF/km]…作用静電容量

C_e…対地静電容量

C_m…線間静電容量

のとき，電線 1 本あたりの作用静電容量 C は，

$$C = C_e + 3C_m \text{ となる。}$$

3 3 本の電線を図(a)のように正三角形に配置した長い送電線がある。次の問いに答えよ。

(1) 図(a)の Δ 回路を図(b)のような Y 回路に等価変換した場合，各部の静電容量 C_m, C_e を（　）内に記入せよ。○は電線（導体）である。

(a)　　　　(b)

(2) 図(b)において，$C_m = 0.001\,5$ μF/km，$C_e = 0.005$ μF/km のとき，作用静電容量 C はいくらか。

4 次の文の（　）に適切な語句を入れよ。

三相 3 線式送電線路が正三角形に配置して線間距離を等しくすれば，各相のインピーダンスが（①　　）なる。しかし，実際には線間距離を等しくできないため，各線の（②　　　）や（③　　　　）が異なる。そこで，これらを平衡させるために，全区間を（④　　）の倍数に分けて各線のインピーダンスを平衡させるように（⑤　　　　）する。

4 中距離送電線路 （教科書 1 p. 117〜119）

学習のポイント

中距離（100〜150 km）送電線路では，作用静電容量によるアドミタンスを 1 か所に集中して取り扱う T 形回路，または 2 か所に分割して取り扱う π 形回路として近似計算が行われる。

---

1 240 mm² の ACSR を用いた長さ 150 km の送電線がある。この送電線を T 形回路，π 形回路で示すときの各部線路定数を示せ。ただし，線路抵抗 $R = 0.12\ \Omega/\mathrm{km}$，作用インダクタンス $L = 1.3\ \mathrm{mH/km}$，作用静電容量 $C = 0.01\ \mathrm{\mu F/km}$，周波数 $f = 50\ \mathrm{Hz}$ とする。

(1) π 形回路の抵抗 $r\ [\Omega]$ は，

$$r = (①\qquad) \times 150 = (②\qquad)\ \Omega$$

T 形回路の片側の抵抗分は，

$$\frac{r}{2} = \frac{(③\qquad)}{2} = (④\qquad)\ \Omega$$

(2) インダクタンス $L_a\ [\mathrm{H}]$ は，

$$L_a = (①\qquad) \times 10^{-3} \times 150 = (②\qquad)\ \mathrm{H}$$

誘導リアクタンス $x_L\ [\Omega]$ は，

$$x_L = 2\pi f L_a = (③\qquad)\ \Omega$$

π 形回路の誘導リアクタンス $\dot{X}_L\ [\Omega]$ は，

$$\dot{X}_L = j x_L = j(④\qquad)\ [\Omega]$$

T 形回路の片側誘導リアクタンスは，

$$\frac{\dot{X}_L}{2} = j\frac{x_L}{2} = j(⑤\qquad)\ [\Omega]$$

(3) 作用静電容量 $C_a\ [\mathrm{F}]$ は，

$$C_a = (①\qquad) \times 10^{-6} \times 150$$
$$= (②\qquad)\ \mathrm{F}$$

容量リアクタンス $x_c\ [\Omega]$ は，

$$x_c = \frac{1}{2\pi f C_a} = (③\qquad)\ \Omega$$

T 形回路のアドミタンス $\dot{Y}$ は，

$$\dot{Y} = j\frac{1}{x_c} = j(④\qquad)\ [\mathrm{S}]$$

π 形回路の片側アドミタンスは，

$$\frac{\dot{Y}}{2} = j(⑤\qquad)\ [\mathrm{S}]$$

[ヒント]

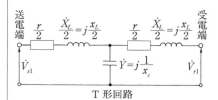

T 形回路

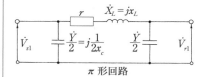

π 形回路

上の二つの図で，

r は 1 相分の抵抗 $[\Omega]$ である。

作用インダクタンスを $L_a\ [\mathrm{H}]$ とすれば，誘導リアクタンスは，

（スカラ） $x_L = 2\pi f L_a\ [\Omega]$
（ベクトル） $\dot{X}_L = j x_L\ [\Omega]$

作用静電容量を $C_a\ [\mathrm{F}]$ とすれば，容量リアクタンスは，

（スカラ） $x_c = \dfrac{1}{2\pi f C_a}$

ベクトルアドミタンス $\dot{Y}$ は，

$$\dot{Y} = \frac{1}{-j x_c} = j\frac{1}{x_c}$$

5 地中送電線路 （教科書 1 p. 119～121）

学習のポイント

1. 地中送電線路に用いられる電力ケーブルは，心絶縁の種類や構造によりいろいろな種類のものがある。使用電圧・埋設方法などを考慮して，最適なものが用いられている。

2. 電力ケーブルの敷設法には，直接埋設式・管路式・洞道式・共同溝式などがある。

---

1 次の文の（　　　）に適切な語句または数値を入れよ。

(1) 地中電線路は，架空電線路に比べて（①　　　　　）が高く，事故箇所の（②　　　　　）や（③　　　　　）が困難であるが，（④　　　　　）・（⑤　　　　　）および火災など，自然災害に対し（⑥　　　　　）が少ないので（⑦　　　　　）度が高い。

(2) 電力ケーブルは地中に敷設するため，（①　　　　　）しないように，（②　　　　　）などの金属や（③　　　　　）で被覆し，完全に気密にする。

(3) 電力ケーブルはCVケーブルが多く使用され，名称は（①　　　　　　　　　　　　　　）という。（②　　　　）kV や（③　　　　）kV の地中電線路に用いられ，OFケーブルと比較すると工事・（④　　　　　）が容易で，経済的にもすぐれている。

[ヒント]

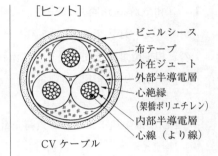

ビニルシース
布テープ
介在ジュート
外部半導電層
心絶縁
（架橋ポリエチレン）
内部半導電層
心線（より線）

CVケーブル

2 直接埋設式で，土かぶりの深さの規定について述べよ。

3 管路式のマンホールの設置間隔は何メートルか。

4 地中送電線路の敷設方法のうち，ケーブルの維持・修理・増設が最も容易にできる敷設法はどの方式か。

6 電力ケーブルの電気的特性・故障点検知法 （教科書1 p.122～125）

┌─── 学習のポイント ───────────────────────────┐

1. 3心ケーブルの1線あたりの作用静電容量：$C = C_e + 3 C_m$

2. 電力ケーブルの電力損失には，抵抗損・誘電損・シース損がある。

3. 地中送電線路の故障点検知法には，マーレーループ法・パルス法・静電容量測定法がある。

└─────────────────────────────────────┘

1 三相3線式送電用地中ケーブルの静電容量が，$C_m = 1\,\mu F$，$C_e = 3\,\mu F$ である。このケーブルに，22 kV，50 Hz の三相平衡電圧を加えたときに流れる充電電流はいくらか。

1線あたりの作用静電容量

$C = (①) + 3 \times (②) = (③)\,\mu F$

1回線地中送電線路の無負荷充電電流

$I_c = 2\pi \times (④) \times (⑤) \times 10^{-6} \times$

$\dfrac{(⑥)}{\sqrt{3}} = (⑦)\,A$

［ヒント］

ケーブルのリアクタンス

$X_c = \dfrac{1}{2\pi fC}\ 〔\Omega〕$

1回線地中送電線路の負荷充電電流

$I_c = \dfrac{\dfrac{V}{\sqrt{3}}}{X_c}$

$= 2\pi fC\,\dfrac{V}{\sqrt{3}}$

2 次の文の（　　　）に適切な語句を入れよ。

電力ケーブルの心線は誘電体で（①　　　　　）されている。これに（②　　　　　）電圧を加えると，誘電体に（③　　　　　）電流が流れる。この電流による損失が（④　　　　　）である。

3 マーレーループ法を利用し，電力ケーブルの長さが5 km，ブリッジの目盛が1 000，すべり線目盛が50で平衡したとき，故障点までの距離はいくらか。

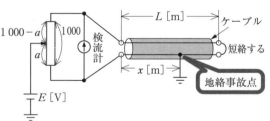

4 次の文の（　　　）に適切な語句を入れよ。

地中送電線路の故障点検知法で，ケーブルが（①　　　　　　　　）場合には，ブリッジの（②　　　　　　　）を利用した（③　　　　　　　）法を適用する。

ケーブルが（④　　　　　　　）場合には，ケーブルの（⑤　　　　　　　）と長さが比例することを利用した（⑥　　　　　　　）法を適用する。

3 送電と変電の運用 （教科書1 p. 127～145）

1 送電線の事故 （教科書1 p. 131～132）

学習のポイント

1. 送電線路では，落雷などによる地絡事故の発生を防いだり，電線路を保護するために，60 kV 以上の送電用変圧器の中性点を接地している。

2. 中性点の接地方式には，直接接地方式・抵抗接地方式・消弧リアクトル接地方式などがある。

---

1 直接接地方式を a，抵抗接地方式を b，消弧リアクトル方式を c，非接地方式を d として，次の各項に適合する接地方式の記号を記入せよ。

(1) 抵抗0で接地する。　　　　　　　　（①　　　　）

　　鉄心入りリアクトルで接地。　　　（②　　　　）

　　接地はしない。　　　　　　　　　（③　　　　）

　　100 ～ 1000 Ω の抵抗で接地。　　（④　　　　）

(2) 地絡電流が最も大きい方式。　　　（①　　　　）

(3) 地絡事故があっても，そのまま送電を続けられるものをあげよ。

　　　（①　　　　）（②　　　　）

2 直接接地方式について次の問いに答えよ。

(1) 超高圧など高い送電電圧に用いられる理由は何か。

(2) 故障検出が確実にできる理由は何か。

3 非接地方式の特徴を三つあげよ。

(1)

(2)

(3)

[ヒント]

(a) 直接接地方式の地絡
○中性点を直接接地

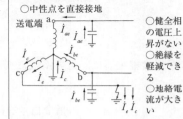

○健全相の電圧上昇がない
○絶縁を軽減できる
○地絡電流が大きい

(b) 抵抗接地方式の地絡

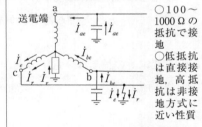

○100～1000 Ω の抵抗で接地
○低抵抗は直接接地，高抵抗は非接地方式に近い性質

(c) 消弧リアクトル接地方式の地絡
○故障点の地絡電流を0にできる

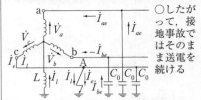

○したがって，接地事故ではそのまま送電を続ける

(d) 非接地方式（送電電圧が低い場合だけ）の地絡

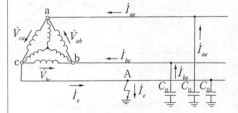

○33 kV 以下の送配電線路
○地絡電流は少ないから，そのまま送電できる

② 送電線路の保護・変電と変電所 （教科書1 p. 133～141）

─── 学習のポイント ───

1. 送電線路に短絡や地絡などの事故が生じたとき，遮断器や保護継電器などによって，電線路や機器を保護する。

2. 変電所は，電圧の昇降だけでなく，電力系統の保護と電力の流れの制御が行われる。

1 次の文の（　　　）に適切な語句を入れよ。

(1) 遮断器は，送電線路の開閉や，（①　　　　　）継電器と併用し（②　　　　　）電流や（③　　　　　）電流を遮断するために使用する装置であり，遮断時に発生する（④　　　　　）を迅速に，かつ確実に（⑤　　　　　）するために，特別な工夫がなされている。

(2) 保護継電器は，電力系統に（①　　　　　）が生じたとき，（①　　　　　）を検出し，故障の（②　　　　　）や（③　　　　　）を識別して，故障箇所を系統からただちに（④　　　　　）指令信号を出して（⑤　　　　　）を動作させる制御装置である。保護継電器には，動作機能から，（⑥　　　　　）継電器や（⑦　　　　　）継電器，（⑧　　　　　）継電器などがある。

(3) 変電所の種類は，電圧の大きさで分類すると，（①　　　　　）変電所，（②　　　　　）変電所，（③　　　　　）変電所，（④　　　　　）変電所などがある。

2 次の略称で示される設備の名称を（　　　）に記入せよ。

VT （①　　　　　）　　　DS （②　　　　　）

CB （③　　　　　）　　　CT （④　　　　　）

LA （⑤　　　　　）　　　T （⑥　　　　　）

変電所の実体略図

第3章　配　電

1 配電系統の構成　（教科書1 p. 151～166）

1 配電線路の構成　（教科書1 p. 151～155）

┌─── 学習のポイント ───
│ **1.** 高圧配電線路には，樹枝状方式・ループ方式・高圧スポットネットワーク方式がある。
│ **2.** 低圧配電線路の方式は，放射状方式が一般に用いられ，大都市周辺ではバンキング方式，
│ レギュラーネットワーク方式が用いられている。
└─────────────────────

1　次の高圧配電線路に関する文の（　　　）に適切な語句または数値を入れよ。

(1)　樹枝状方式は，フィーダから引き出した幹線から木の枝のように（①　　　　）線を出す
　　方式で，最も多く用いられている。（②　　　　　）が簡単で（③　　　　）が安価であるが，
　　このままでは供給信頼度が（④　　　　）。供給信頼度を（⑤　　　　）するため，現在で
　　は（⑥　　　　　）方式が運用されている。

(2)　ループ方式は，幹線を（①　　　　）にして，（②　　　　　　　）を置き，
　　（③　　　）方向から電力を供給する方式である。常時は（②　　　　　　　）を
　　（④　　　　）しておき，事故発生時にこれを（⑤　　　　）して電力供給を行う。

(3)　高圧スポットネットワーク方式は，複数回線の（①　　　　）kV の特別高圧幹線から
　　（②　　　　）幹線を経て，ネットワーク（③　　　　）およびネットワーク（④　　　　）
　　を通じて受電し，各回線の二次側をネットワーク（⑤　　　　）で並列に接続し，各負荷に
　　（⑥　　　　）kV 三相3線式で配電する。この方式は，幹線で事故が発生しても，
　　（⑦　　　　）で電力供給ができ，大都市中心部の（⑧　　　　　　）に用いられている。

2　次の低圧配電線路に関する文の（　　　）に適切な語句を入れよ。

(1)　同じ高圧幹線に接続された，それぞれの変圧器の（①　　　　　）を低圧（②　　　　　）で
　　並列に接続して供給する方式を（③　　　　）方式という。この方式は（④　　　　　）
　　や（⑤　　　　）が減少でき，変圧器容量の減少，需要の（⑥　　　　）に対して融通性
　　がある。

(2)　レギュラーネットワーク方式は，複数回線の（①　　　　　）幹線から，ネットワーク
　　変圧器およびネットワーク（②　　　　　）を通じて（③　　　）の低圧幹線に供給する
　　方式である。この方式は，無停電で低圧需要家に電力を供給でき，（④　　　　）が高い。

2 供給設備容量(1) （教科書1 p. 156〜158）

── 学習のポイント ──

1. 需要家において，1日の期間中における最大電力を最大需要電力といい，需要家に設けられた機器の定格容量の合計を設備容量という。

2. 需要率・不等率は，次の式で表される。

$$需要率 = \frac{最大需要電力 [kW]}{設備容量 [kW]} \times 100 \qquad 不等率 = \frac{個々の需要家の最大需要電力の総和 [kW]}{合成最大需要電力 [kW]}$$

1 次の文の（　　　）に適切な語句または数値を入れ，問いに答えよ。

(1) 需要家の需要設備が，すべて同時に全負荷で使用されることはない。したがって，設備容量と実際に生じる（① 　　　　　）需要電力とは異なる。これらの関係を表す係数を需要率といい，ふつうは（② 　　　　　）％ より小さい。

(2) 設備容量が 3 000 kW の工場があり，需要率は 55% であるという。この工場の最大需要電力 [kW] はいくらか。

2 電灯負荷用柱上変圧器に接続されている需要家の設備容量は，図示のとおりである。需要率は，各負荷とも 50% であり，需要家相互間の不等率は 1.45 である。
次の各問いに答えよ。

(1) 各需要家 A，B，C，D の最大需要電力 [kW] はいくらか。

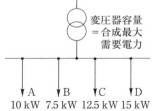

変圧器容量
＝合成最大
需要電力

A　B　C　D
10 kW　7.5 kW　12.5 kW　15 kW

(2) 最大需要電力 [kW] の合計はいくらか。

(3) 合成最大需要電力 [kW] はいくらか。

(4) 柱上変圧器の定格容量 [kV·A] はいくらか。ただし，負荷の力率は 100% とし，定格容量は右表を参考にすること。

単相変圧器，定格容量

定格容量 [kV·A]
10
20
30
50

③ 供給設備容量(2)　（教科書 1 p. 157～159）

学習のポイント

1. 負荷率は，次の式で表される。

$$負荷率 = \frac{平均需要電力\,[kW]}{最大需要電力\,[kW]} \times 100$$

2. 需要率・不等率・負荷率には，次の関係がある。

$$負荷率 = \frac{平均需要電力}{設備容量の合計} \times \frac{不等率}{需要率}$$

1 次の文の（　　　）に適切な語句を入れよ。

(1) 変電所や需要家における電力の使用状態は，（① 　　　　　　）のとり方によっても，季節によってもかなり違いがある。1 日における各時刻の電力使用の様子を表す曲線を（② 　　　　　）曲線という。

(2) 1 日の電力需要の変動の程度を表すのに（① 　　　　　）が用いられる。

2 右図は，ある工場の 1 日の負荷曲線の例である。この図について，次の各問いに答えよ。

(1) 最大需要電力 [kW] はいくらか。

(2) 1 日の使用電力量 [kW·h] はいくらか。

(3) 1 日の平均需要電力 [kW] はいくらか。

(4) 日負荷率 [%] はいくらか。

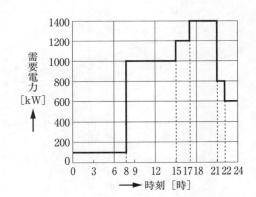

3 最大需要電力が $80 \times 10^3\,kW$ の工場において，1 日の消費電力量が $672 \times 10^3\,kW\cdot h$ であった。日負荷率 [%] を求めよ。

4 **架空配電線路** （教科書1 p. 159～162）

─── **学習のポイント** ───

1. 柱上機器には，柱上変圧器のほか，高圧カットアウト・低圧開閉器・ケッチヒューズなどの保護装置がある。

2. 柱上変圧器は 10～100 kV・A の内鉄形の変圧器が用いられる。

1 下図の装柱例の各番号の名称や数値・記号などを（　　　　）内に入れよ。

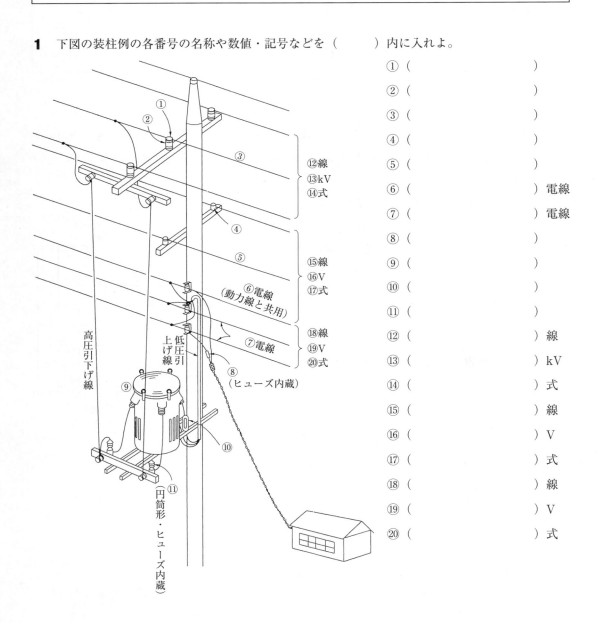

① （　　　　　　　　　）
② （　　　　　　　　　）
③ （　　　　　　　　　）
④ （　　　　　　　　　）
⑤ （　　　　　　　　　）
⑥ （　　　　　　　　　） 電線
⑦ （　　　　　　　　　） 電線
⑧ （　　　　　　　　　）
⑨ （　　　　　　　　　）
⑩ （　　　　　　　　　）
⑪ （　　　　　　　　　）
⑫ （　　　　　　　　　） 線
⑬ （　　　　　　　　　） kV
⑭ （　　　　　　　　　） 式
⑮ （　　　　　　　　　） 線
⑯ （　　　　　　　　　） V
⑰ （　　　　　　　　　） 式
⑱ （　　　　　　　　　） 線
⑲ （　　　　　　　　　） V
⑳ （　　　　　　　　　） 式

5 地中配電線路・配電線路の保護・保安　（教科書1 p. 162～166）

学習のポイント

1. 地中配電線路は，架空配電線路に比べ，建設費は高いが，風水害などによる故障が少なく，信頼度は高い。

2. 接地工事には，A種・B種・C種およびD種接地工事の4種類がある。

1 次の文の（　　）に適切な語句を入れよ。

(1) 地中配電線路のケーブルは，架橋ポリエチレン絶縁ビニルシースケーブル（①　　　　）が用いられている。また，そのケーブル3条をより合わせたトリプレックス形CVケーブル（②　　　　）が多く用いられている。

(2) 高圧の地中配電線路の切り換えを行う開閉器として，（①　　　　　　）がある。また，高圧需要家に電力を供給するために設置する装置で，開閉器を内蔵したものを（②　　　　　　）という。

(3) 低圧需要家に対しては（①　　　　　　）で，6.6 kVを100/200 Vとし，（②　　　　　）から各需要家に供給している。

(4) 地中配電線路の配電方式は（①　　　　）方式が一般に用いられているが，（②　　　）の多い地域には，（③　　　　）方式や（④　　　　　　）方式が用いられている。

2 次の文の（　　）に適切な語句を入れよ。

電気機器は，長期間の使用で（①　　　　）に劣化を生じ，鉄台や（②　　　　）に漏電を生じることがある。また，変圧器の故障などによって，高圧側と（③　　　　）とが接触した場合など，低圧配電線に（④　　　　）が侵入するので，人が触れると危害を受ける。このような障害を抑えるために，必要な箇所には接地を施す。

3 次の場合に施すべき接地工事の種類を（　　）に入れよ。

(1) 110 V直流発電機の鉄台
（　　　　）接地工事

(2) 高圧回路の変流器の二次側
（　　　　）接地工事

(3) 6 000/100 Vの変圧器の外箱
（　　　　）接地工事

(4) 400 V三相誘導電動機の鉄台
（　　　　）接地工事

(5) 変圧器の中性点
（　　　　）接地工事

(6) 特別高圧の変流器の二次側
（　　　　）接地工事

2 配電線路の電気的特性 （教科書1 p.169〜179）

1 配電線路の電圧調整（1） （教科書1 p.169〜171）

─── 学習のポイント ───

1. 図1の単相2線式配電線路で，抵抗 r [Ω]，リアクタンス x [Ω]，電流の大きさ I [A]，受電端電圧 V_r [V]，送電端電圧 V_s [V] とすると，単一負荷の電圧降下 v [V] は次式で表される。

$$v = (r\cos\theta + x\sin\theta)\ I\ [\text{V}]$$

2. 図2の負荷が二つの場合，それぞれの電圧降下 v_1，v_2 は次式で表される。

$$v_1 = (r_1\cos\theta_1 + x_1\sin\theta_1)\ I_a + (r_1\cos\theta_2 + x_1\sin\theta_2)\ I_b\ [\text{V}]$$

$$v_2 = (r_2\cos\theta_2 + x_2\sin\theta_2)\ I_b\ [\text{V}]$$

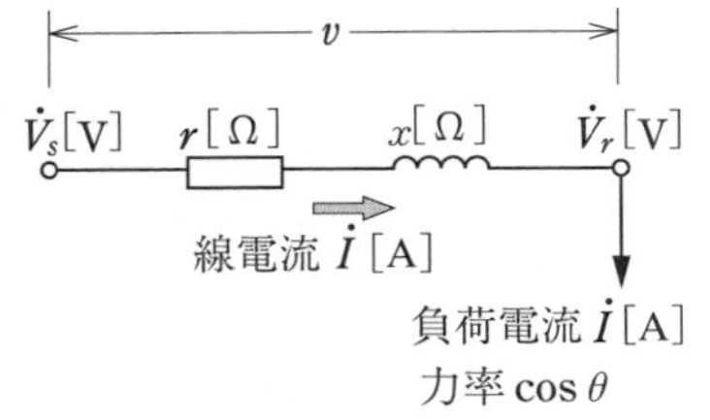

図1 単一負荷 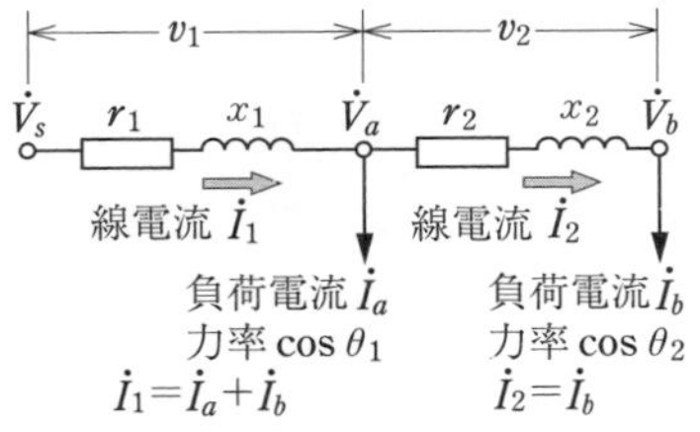　　　図2 負荷が二つの場合

3. 配電線路の抵抗 r とリアクタンス x の値は，単相2線式では往復2線の値を用いるが，三相3線式では1線分についての値を用いて電圧降下を計算し，その値を $\sqrt{3}$ 倍する。

1 単一負荷の三相3線式配電線路において，送電端電圧 V_s が 6 600 V のとき，受電端電圧 V_r [V] の値はいくらか。ただし，電流の大きさ i は 100 A，力率は 0.8，1線あたりの抵抗は 0.3 Ω，リアクタンスは 0.2 Ω とする。

[ヒント] $\sin\theta = \sqrt{1 - \cos^2\theta}$

2 負荷が二つの場合の三相3線式配電線路において，送電端電圧 V_s が 6 900 V のとき，受電端電圧 V_b [V] の値はいくらか。ただし，電流の大きさ I_a は 150 A，力率は 0.8，電流の大きさ I_b は 100 A，力率は 0.6，1線あたりの抵抗 r_1 は 0.4 Ω，抵抗 r_2 は 0.3 Ω，リアクタンス x_1 は 0.2 Ω，リアクタンス x_2 は 0.1 Ω とする。

② 配電線路の電圧調整（2） （教科書1 p.169〜171）

学習のポイント

1. 電圧降下率は，電圧降下と受電端電圧の比で表される。

1 図のような三相3線式配電線路の全電圧降下を求めよ。ただし，1線1kmあたりの抵抗は0.4Ω，リアクタンスは0.2Ωとする。

〔解〕 (1) 抵抗およびリアクタンスは，次のようになる。

$$r_1 = 0.4 \times \frac{100}{(①\qquad)} = (②\qquad)\ \Omega$$

$$r_2 = 0.4 \times \frac{(③\qquad)}{1\,000} = (④\qquad)\ \Omega$$

$$x_1 = 0.2 \times \frac{(⑤\qquad)}{1\,000} = (⑥\qquad)\ \Omega$$

$$x_2 = 0.2 \times \frac{(⑦\qquad)}{1\,000} = (⑧\qquad)\ \Omega$$

(2) 各端子間の電圧降下 v_{AB}，v_{sA} および全電圧降下 v を求めよ。

2 三相3線式の高圧配電線路がある。受電端電圧6 000 V，負荷の容量1 700 kW，力率80%である。1線の抵抗は1Ω，リアクタンスは1.49Ωである。次の各問いに答えよ。

(1) 送電端電圧はいくらか。

〔解〕 まず，負荷電流 I〔A〕を求める。

$$I = \frac{P}{\sqrt{3}\ V\cos\theta} = \frac{1\,700 \times 10^3}{\sqrt{3} \times (①\qquad) \times (②\qquad)} = \frac{(③\qquad)}{\sqrt{3}}\ A$$

送電端電圧 V_s は，次の式で表される。

$$V_s = V_r + \sqrt{3}\ I(r\cos\theta + x\sin\theta) = 6\,000 + \sqrt{3} \times \frac{(④\qquad)}{\sqrt{3}}\{1 \times 0.8 + 1.49 \times (⑤\qquad)\}$$

$$= 6\,000 + (⑥\qquad) \times \{0.8 + (⑦\qquad)\} = (⑧\qquad)\ V$$

(2) 電圧降下率はいくらか。

〔解〕 電圧降下率 $= \dfrac{V_s - V_r}{V_r} \times 100 = \dfrac{(①\qquad) - (②\qquad)}{6\,000} \times 100 = (③\qquad)\ \%$

3 **電力損失と力率の改善** （教科書1 p. 172～175）

─── **学習のポイント** ───

1. 配電線路の電力損失は，電圧および電力一定のもとでは，力率の2乗に反比例する。

2. コンデンサの静電容量 C [F] と定格容量 Q [kvar] との関係は，次のとおりである。

単相回路　　　　$Q = 2\pi f C V^2 \times 10^{-3}$

三相 △ 結線回路　$Q_\Delta = 6\pi f C_\Delta V^2 \times 10^{-3}$

三相 Y 結線回路　$Q_Y = 2\pi f C_Y V^2 \times 10^{-3}$

1 次の文の（　　）に適切な語句を入れ，問いに答えよ。

(1) 力率が改善されると，配電線路に流れる電流が（①　　　　）するため，電圧（②　　　　）は小さくなり，電力損失も減少し，配電設備の（③　　　　）が向上する。

(2) 力率を改善するためには，（①　　　　）を負荷に（②　　　　）に接続するが，力率が改善されるのは，コンデンサ設置点より（③　　　　）側である。したがって，高圧側より（④　　　　）側にコンデンサを入れるほうが利点が多い。

(3) 力率 0.75 のとき，配電線路の損失が 600 W であるという。この負荷の力率を 0.9 に改善した場合の損失 P [W] はいくらか。

[ヒント]　$\dfrac{P_{l1}}{P_{l2}} = \dfrac{\cos^2\theta_2}{\cos^2\theta_1}$

2 次の文の（　　）に適切な語句または記号を入れ，問いに答えよ。

(1) 三相 △ 結線の場合の Q_Δ は，$Q_\Delta = 6\pi f C_\Delta V^2$ [var] であり，三相 Y 結線の場合の Q_Y は，$Q_Y =$（①　　　　）である。したがって，同じ定格容量のコンデンサをつくるには，（②　　　　）にすれば，小さい静電容量のものでよくなるため，三相回路に用いることが多い。

(2) 40 μF のコンデンサを単相 200 V，50 Hz の配電線路に用いた場合，定格容量 Q [kvar] はいくらか。

(3) ある工場の負荷に三相 △ 結線された 10 kvar のコンデンサがある。このコンデンサの静電容量 C_Δ [μF] はいくらか。ただし，電源は 200 V，50 Hz である。

4 進相コンデンサの所要容量の計算(1) （教科書1 p.176〜177）

学習のポイント

負荷の電力が一定の場合，力率改善に要する進相コンデンサの容量 Q [kvar] は，次の式で表される。

$$Q = P(\tan\theta - \tan\theta_0) = P\left(\sqrt{\frac{1}{\cos^2\theta} - 1} - \sqrt{\frac{1}{\cos^2\theta_0} - 1}\right) = P\left(\frac{\sqrt{1 - \cos^2\theta}}{\cos\theta} - \frac{\sqrt{1 - \cos^2\theta_0}}{\cos\theta_0}\right)$$

1 次の文の（　　）に適切な式，数値または記号を入れよ。

(1) 右図のベクトル図について，各問いに答えよ。

ただし，θ は改善前の力率，θ_0 は改善後の力率とする。

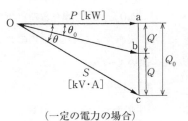

（一定の電力の場合）

1) 力率改善前の皮相電力　$S = \dfrac{(①\qquad)}{\cos\theta}$

2) 力率改善前の無効電力　$Q_0 = S\sin\theta = P\,(②\qquad)$

3) 力率改善後の無効電力　$Q' = P\,(③\qquad)$

4) 力率改善に必要なコンデンサ容量 Q は

$Q = Q_0 - Q' = (④\qquad) - P\tan\theta_0 = P\,(⑤\qquad)$

(2) 出力 10 kW，力率 0.7 の三相負荷がある。この負荷の力率を 0.85 に改善するのに必要なコンデンサの容量を，次の手順で求めよ。

〔解〕

1) $\cos\theta = (①\qquad)$，$\cos\theta_0 = (②\qquad)$，$P = (③\qquad)$ kW である。

2) $\sin\theta = \sqrt{1 - \cos^2\theta} = \sqrt{1 - (④\qquad)^2} = (⑤\qquad)$

$\sin\theta_0 = \sqrt{1 - \cos^2\theta_0} = (⑥\qquad)$

3) $Q = P(\tan\theta - \tan\theta_0) = P\left(\dfrac{\sin\theta}{\cos\theta} - \dfrac{\sin\theta_0}{\cos\theta_0}\right)$

$= 10\left(\dfrac{(⑦\qquad)}{0.7} - \dfrac{(⑧\qquad)}{0.85}\right) = (⑨\qquad)$ kvar

(3) 配電線路の 10 kV·A，力率 0.6（遅れ）の三相負荷がある。コンデンサを用いて力率を 0.8 に改善したい。必要なコンデンサの容量 Q [kvar] はいくらか。

〔解〕

$Q = 10 \times 0.6\left(\dfrac{\sqrt{1 - (①\qquad)^2}}{0.6} - \dfrac{\sqrt{1 - (②\qquad)^2}}{0.8}\right)$

$= (③\qquad)$ kvar

5 進相コンデンサの所要容量の計算(2) (教科書 1 p. 177〜179)

─── 学習のポイント ───

1. 改善後の力率は経済面から 0.85〜0.95 程度にとどめるのが一般的である。

2. 力率を改善すると，同じ受電設備で利用できる有効電力が増加する。

1 右図について，次の各問いの（　　　）
に適切な語句または数値を入れよ。

(1) 200 kW，力率 0.8 の負荷を，力率 0.97
に改善するには，所要のコンデンサ容量
はいくらか。

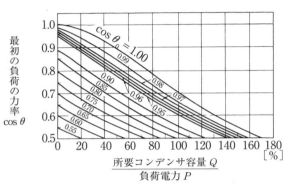

〔解〕 図から，

$$\frac{\text{所要コンデンサ容量}}{\text{負荷電力}}$$

の値は（①　　　）％ になる。したがって，

$Q = 200 \times$（②　　　　）＝（③　　　　）kvar となる。

(2) 図からわかるように，改善後の力率が 1 に近づくにしたがって，所要コンデンサ容量の
（①　　　　　）が大きくなり，経費も高くなる。したがって，力率をどの程度まで
（②　　　　　）するかは，コンデンサの（③　　　　）と力率改善で得られる（④　　　　）
を比べて決めている。一般に，0.85〜（⑤　　　　）にしている。

2 200 kV・A の変圧器に，120 kW，力率 0.6 の負荷が接続さ
れている。この負荷に進相コンデンサを接続して，総合力率
を 0.95 に改善したい。

進相コンデンサの定格容量 Q [kvar] はいくらか。また，
電力 P' [kW] はいくらか。

〔解〕

$$Q = S(\cos\theta_0 \tan\theta - \sin\theta_0) = S\left(\cos\theta_0 \frac{\sin\theta}{\cos\theta} - \sin\theta_0\right)$$

$$= 200 \times \left(0.95 \times \frac{(①\qquad)}{(②\qquad)} - \sqrt{1-0.95^2}\right)$$

$$= (③\qquad) \text{ kvar}$$

$$P' = S\cos\theta_0 - S\cos\theta = S(\cos\theta_0 - \cos\theta)$$

$$= 200 \times \{(④\qquad) - (⑤\qquad)\}$$

$$= (⑥\qquad) \text{ kW}$$

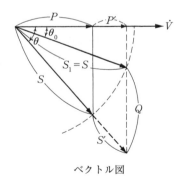

ベクトル図

変圧器容量 S [kV・A]
既設負荷 S [kV・A]
力率 $\cos\theta$
増設負荷 S' [kV・A]
力率 $\cos\theta_0$

第4章　屋内配線

1 自家用電気設備 （教科書1 p. 185～197）

1 自家用電気施設と設備 （教科書1 p. 185～192）

学習のポイント

1. 変電室の位置は，立地条件や設備の規模などによって決める。

2. 電気設備に使用される計器や機器などを図面に表示する場合，図記号を用いる。

---

1 変電室の位置の選定には，次の事項を参考にする。（　　　）に適切な語句を入れよ。

(1) 負荷の（　　　　　）に近いこと。

(2) 電線の引き込み，構内配線の（　　　　　）に便利なこと。

(3) 爆発物や（　　　　　）の貯蔵所の付近を避けること。

(4) 機器の（　　　　　）や搬出に便利なこと。

(5) 将来の拡張や（　　　　　）の余地があること。

2 次の各問いに答えよ。

(1) 下の①～⑤までの機器の用途を，ⓐ～ⓔの中から選び，（　　　）にその記号を入れよ。

①　進相コンデンサ　（　　　）　ⓐ　継電器と組み合わせて用い自動的に回路を切る。

②　遮断器　　　　　（　　　）　ⓑ　電力量を高圧回路で計量するとき用いる。

③　断路器　　　　　（　　　）　ⓒ　力率の改善に用いる。

④　計器用変成器　　（　　　）　ⓓ　高圧を低圧に変成し計器に導く。

⑤　計器用変圧器　　（　　　）　ⓔ　単に充電された電路の開閉に用いる。

(2) 各機器の記号を（　　　）に入れよ。

①　遮断器	（　　　）	⑪　地絡方向継電器	（　　　）
②　真空遮断器	（　　　）	⑫　計器用変成器	（　　　）
③　気中遮断器	（　　　）	⑬　ケーブルヘッド	（　　　）
④　変流器	（　　　）	⑭　零相変流器	（　　　）
⑤　計器用変圧器	（　　　）	⑮　配線用遮断器	（　　　）
⑥　避雷器	（　　　）	⑯　漏電遮断器	（　　　）
⑦　断路器	（　　　）	⑰　高圧進相コンデンサ	（　　　）
⑧　高圧交流負荷開閉器	（　　　）	⑱　直列リアクトル	（　　　）
⑨　過電流継電器	（　　　）	⑲　電流計切換スイッチ	（　　　）
⑩　地絡継電器	（　　　）	⑳　電圧計切換スイッチ	（　　　）

2 キュービクル式高圧受電設備 （教科書1 p. 193〜197）

┌─── **学習のポイント** ───────────────────────────┐
1. 高圧の受電設備およびこれにともなう機器一式を金属箱に収めたものをキュービクル式高圧受電設備という。

2. キュービクル式高圧受電設備には，CB形とPF・S形の2種類がある。
└──┘

1 次の文の（　　）に適切な語句または数値を入れよ。

　高圧で受電する契約電力（① 　　　　　）kV・A以下の工場などでは，（② 　　　　　）の保守員のいない場合が多く，じゅうぶんに機器を（③ 　　　　　）・管理することが望めない。このようなところの設備には，（④ 　　　　　）が少なく，（⑤ 　　　　　）が安全で容易なことが必要である。このような目的のためにつくられたのが，（⑥ 　　　　　）式高圧受電設備である。

2 各問いに答えよ。

(1) 図に示した各番号の名称をかけ。

① （　　　　　　　　　　　）

② （　　　　　　　　　　　）

③ （　　　　　　　　　　　）

④ （　　　　　　　　　　　）

⑤ （　　　　　　　　　　　）

⑥ （　　　　　　　　　　　）

⑦ （　　　　　　　　　　　）

⑧ （　　　　　　　　　　　）

⑨ （　　　　　　　　　　　）

⑩ （　　　　　　　　　　　）

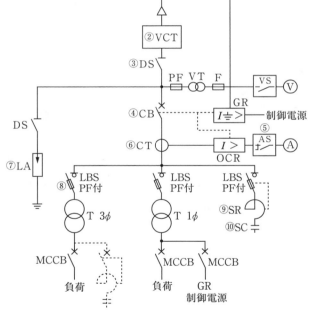

CB形キュービクルの単線結線図の例

(2) 次の文は，何形のキュービクル式高圧受電設備を説明したものであるか。（　　　）に形名を入れよ。

① 主遮断装置として，高圧限流ヒューズ付負荷開閉器（PF付LBS）を用いる。

（　　　　　　）形

② 主遮断装置として，遮断器を用いる。

（　　　　　　）形

2 屋内配線 （教科書1 p. 198～225）

1 回路方式の種類と特徴 （教科書1 p. 198～200）

学習のポイント
1. 回路方式には，単相2線式・単相3線式・三相3線式・三相4線式などがある。

2. 単相3線式では，中性線にヒューズを入れてはならない。

---

1 次の文の（　　）に適切な語句または数値を入れよ。

(1) 単相2線式100Vは，一般住宅・事務所・（①　　　　）などの電灯や小形
（②　　　　　　　）に広く用いられている。負荷が大きくなると（③　　　　　　）が大き
くなるので，一般に，電流が（④　　　　　）A以下の場合に用いる。

(2) 三相3線式200Vは，おもに（①　　　　　　　　　）の動力源に用いられる。

(3) また，三相4線式230/400Vは，大きな建物や（①　　　　）の配線に用いられており，
230Vは（②　　　　）用に，400Vは（③　　　　　）用である。

2 図について，次の各問いに答えよ。

(1) 図中の①～④の名称および⑤の電圧値を
（　　）に入れよ。

(2) 各負荷の対地電圧は何ボルトか。

A 負荷 （①　　　　　） V

B 負荷 （②　　　　　） V

単相3線式

(3) $A = 1\,\text{kW}$，$A' = 2\,\text{kW}$ の電熱器が接続さ
れている状態で，中性線が断線した場合，各負荷に加わる電圧はそれぞれ何ボルトか。

〔解〕 $P = VI = V\dfrac{V}{R} = \dfrac{V^2}{R}$　　よって，$R = \dfrac{V^2}{P}$

$$R_A = \frac{(電圧)^2}{電力} = \frac{(①)^2}{1\,000} = (②) \ \Omega$$

$$R_A' = \frac{100^2}{(③)} = (④) \ \Omega$$

$$V_A = 電圧 \times \frac{R_A}{R_A + R_A'} = (⑤) \times \frac{(⑥)}{(⑦) + (⑧)} = (⑨) \ V$$

$$V_A' = (⑩) - V_A = (⑪) \ V$$

(4) (3)の結果から，単相3線式において，負荷が（①　　　　　）の場合，中性線が
（②　　　　　）されると，端子電圧が不平衡になり，小容量の負荷に（③　　　　）を超え
た電圧が加わり負荷を損傷する。そのため，中性線にはヒューズを入れないで，銅板を用いて
いる。

2 分岐回路 （教科書1 p. 200～207）

学習のポイント
---

1. 分岐回路の種類は，過電流遮断器の定格電流によって区分されている。

2. 電灯負荷の分岐回路の数は，標準［V・A］数（床面積1m²あたり）を基準にして決める。

3. 幹線は，負荷電流の合計値以上の許容電流をもつ太さであること。

---

1 次の文の（　　）に適切な語句または数値を入れよ。

(1) 分岐回路の種類には，15 A，20 A，（①　　　　　　），（②　　　　　　）および（③　　　　　　）分岐回路がある。なお，20 A分岐回路は二つあるが，（④　　　　　　）遮断器を用いた回路の（⑤　　　　　　）の太さは，ヒューズを用いた15 A分岐回路と同一の取扱いになっている。

(2) 引込線が道路を横断する場合，引込線取付点の路面上の高さは最低（①　　　　　　）m以上とする。ただし，技術上やむを得ない場合で交通に支障がないものとする。

2 低圧屋内配電の分岐回路で，配線用遮断器，分岐回路の電線の太さおよびコンセントの組合せとして，適切なものを下図の(a)～(d)から選べ。ただし，分岐点から配線用遮断器までは3 m，配線用遮断器からコンセントまでは8 mとし，電線の数値は分岐回路の電線（軟銅線）の太さを示す。

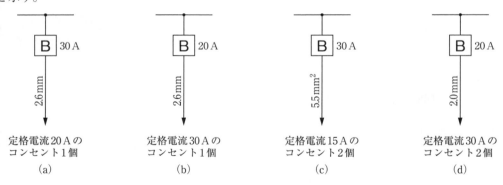

B 30 A	B 20 A	B 30 A	B 20 A
2.6mm	2.6mm	5.5mm²	2.0mm
定格電流20 Aのコンセント1個	定格電流30 Aのコンセント1個	定格電流15 Aのコンセント2個	定格電流30 Aのコンセント2個
(a)	(b)	(c)	(d)

3 分岐回路の必要数は，次の式で求めることができる。次の問いに答えよ。

$$分岐回路の数 = \frac{（床面積1 m^2の標準［V・A］数）×（床面積）＋（加算すべき［V・A］数）}{1分岐回路の［V・A］数}$$

床面積600 m²の銀行がある。電灯の分岐回路数はいくつか。ただし，標準［V・A］数は30 V・A/m²とし，電圧は100 V，15 A分岐回路，加算すべき［V・A］数は900とする。

〔解〕 分岐回路の数 $= \dfrac{30×（①\qquad）＋②（\qquad）}{③（\qquad）×④（\qquad）} = ⑤（\qquad）$

よって，求める分岐回路の数は（⑥　　　　　　）となる。

3 工事材料 （教科書 1 p. 207〜211）

学習のポイント

1. 配線用電線・ケーブルには，ビニル絶縁電線・ビニルシースケーブルが多く使われている。

2. 電線管には，電線を配線するときに電線を収める管で，金属製と合成樹脂製とがあり，可とう性のあるものもある。

3. 絶縁電線を同一電線管に収める場合，電流減少係数をかけて，許容電流を減少させる。

---

1 次の文の（　　　）に適切な語句を入れよ。

(1) 配線用電線には，（①　　　　　　　　　），（②　　　　　　　　　）が多く使われている。ビニルは，（③　　　　　　　），耐酸性，耐アルカリ性，（④　　　　　　　）に富むなど，多くの利点がある。

(2) 環境に配慮した（①　　　　　　　）や（②　　　　　　　　　）も使用されている。これらの電線は焼却時の発煙量が少なく（③　　　　　　　）を発生しない。また，分別が容易で（④　　　　　　　）性にすぐれている。

2 ケーブルについて，次の各問いに答えよ。

(1) 図のケーブルの各部の名称を答えよ。

①（　　　　　　　　　　）
②（　　　　　　　　　　）
③（　　　　　　　　　　）
④（　　　　　　　　　　）
⑤（　　　　　　　　　　）
⑥（　　　　　　　　　　）

600 V ビニル絶縁ビニル
シースケーブル平形（VVF）

EM ケーブル（600VEEF/F）

(2) 次の記号の名称をかけ。

VVF　　　　（①　　　　　　　　　　　　　　　　　　　　　　）

600V EEF/F　（②　　　　　　　　　　　　　　　　　　　　　）

3 次の文の（　　　）に適切な語句または数値を入れよ。

(1) 金属管には，コンクリートの中に埋め込む場合に用いる（①　　　　　　　　　）と露出配線に用いる（②　　　　　　　　　）およびねじなし電線管がある。

(2) 合成樹脂製可とう電線管には，露出，隠ぺい配管を行う場合に用いる（①　　　　　　　）と，コンクリートに直接埋め込む場合に用いる（②　　　　　　　）がある。

(3) 直径 1.6 mm の銅線の許容電流は（①　　　　）A，直径 2.0 mm では（②　　　　）A である。

(4) 電線を電線管に収めて使用する場合，電線 1 本あたりの許容電流を減少させるために（①　　　　　　　　　）をかける。その値は，電線が 3 本以下の場合（②　　　　　），4 本の場合（③　　　　　），5〜6 本の場合（④　　　　　）である。

4 配線器具 （教科書1 p. 211〜215）

┌─── **学習のポイント** ─────────────────────────────┐

1. ヒューズと配線用遮断器の動作特性には相違がある。

2. 配線器具には，自動遮断器・開閉器・接続器などがある。

└──────────────────────────────────────┘

1 次の文の（　　　）に適切な語句または数値を入れよ。

(1) ヒューズは，次のような特性をもっていなければならない。

　1) 定格電流の（①　　　　）倍に耐えること。

　2) 定格電流30 A以下の場合，定格電流の（②　　　　）倍で60分，2倍の電流では，
　（③　　　　）分以内に溶断すること。

　3) 定格電流30 Aを超え60 A以下の場合，定格電流の（④　　　　）倍で60分，2倍の電流
　では，（⑤　　　　）分以内に溶断すること。

(2) 配線用遮断器は，（①　　　　　　　）と過電流遮断器とを兼ねるもので，（②　　　　　　　　）
ともよばれる。動作後は簡単に（③　　　　　）で復帰できる特徴がある。配線用遮断器は，
次のような特性をもっていなければならない。

　1) 定格電流の（④　　　　　）倍では動作しないこと。

　2) 定格電流30 A以下の場合，定格電流の（⑤　　　　　）倍で60分，2倍の電流では，
　（⑥　　　　　）分以内に動作すること。

　3) 定格電流30 Aを超え50 A以下の場合，定格電流の（⑦　　　　　）倍で60分，2倍の電
　流では，（⑧　　　　）分以内に動作すること。

(3) 電流制限器は，需要家が，（①　　　　　　　）と契約した契約電流以上の電流を流した場
合，回路を自動的に（②　　　　　）するもので，分電盤に取り付けてある。

(4) 漏電遮断器は，漏電による（①　　　　　　　）や火災を防止するため，自動的に回路を遮断
し，（②　　　　　　）ボタンが凸になる。

2 配線器具とその用途を列記した。最も関係のあるものの記号を（　　　）に入れよ。

(1) 4路スイッチ　　　　（　　　）　　ⓐ 外部のハンドルによって回路を開閉する。

(2) 抜止め形コンセント　（　　　）　　ⓑ 電灯1灯を2か所で点滅させる場合に用いる。

(3) 3路スイッチ　　　　（　　　）　　ⓒ プラグを差し込み回転させる。

(4) 電流計付開閉器　　　（　　　）　　ⓓ 3か所以上の点滅に使う。

(5) タイマスイッチ　　　（　　　）　　ⓔ 時間設定後に動作する。

5　**配線工事**　（教科書1 p. 216〜222）

┌───┐
　　学習のポイント

1. 電線の終端接続には，リングスリーブや差込形電線コネクタを用いる。

2. 屋内配線は，施設場所や使用電圧などにより施工できる工事方法が決まる。

3. 電気工事士は各種の電気工事の施工において，電気設備技術基準や内線規程などに従って行うことになっている。
└───┘

1　次の文の（　　）に適切な語句または数値を入れよ。

電線の接続作業においては，次に示した事項を守らなければならない。

　1)　電線接続部分の（①　　　　　　　　）を増加させないこと。

　2)　電線の接続部分の引張強さをもとの強さの（②　　　　　）% 以上減少させないこと。

　3)　接続部分は，（③　　　　　　）その他の器具を使用するか，（④　　　　　　　　）すること。

2　次の文のそれぞれの問いに対して，最も適切なものを一つ選べ。

　(1)　単相100 V の屋内配線で，湿気の多い場所において施設できる工事は，次のうちどれか。

　　　(イ)　金属ダクト工事　　　　　　　(ロ)　金属線ぴ工事

　　　(ハ)　ライティングダクト工事　　　(ニ)　金属管工事

　(2)　湿気の多い展開した場所の三相3線式200 V 屋内配線として，不適切なものはどれか。

　　　(イ)　合成樹脂管工事　　　　　　　(ロ)　金属ダクト工事

　　　(ハ)　金属管工事　　　　　　　　　(ニ)　ケーブル工事

　(3)　乾燥した点検できない隠ぺい場所の低圧屋内配線工事方法で，適切なものはどれか。

　　　(イ)　金属ダクト工事　　　　　　　(ロ)　バスダクト工事

　　　(ハ)　合成樹脂管工事　　　　　　　(ニ)　がいし引き工事

3　次の文の（　　）に適する語句または数値を入れよ。

　(1)　フロアダクト工事のできる施設場所は，（①　　　　　　　　）した点検できない

　　　（②　　　　　　　　）場所で，使用電圧が，300 V 以下の場合は，（③　　　　　）種接地工事を施す。

　(2)　すべての場所に施工できるのは，次の4つの工事方法である。

　　　（①　　　　　　　　），（②　　　　　　　　），（③　　　　　　　　），（④　　　　　　　　）

　(3)　一般の屋内配線工事に使用できる電線の最小の太さは（①　　　　　　）mm である。

4 次の文の（　　　）に適切な語句または数値を入れよ。

(1) 低圧屋内配線に用いるケーブルは（①　　　　　　　　　　）が多く用いられる。造営材の下面・側面に沿って配線する場合の支持点間の距離は，（②　　　　　）m以下，垂直の場合で，しかも接触防護措置を施した場所では（③　　　　　）m以下である。

(2) 金属管工事について答えよ。

1) 電線は，（①　　　　　）電線を用い，（②　　　　　）であることが規定されているが，短小な金属管に収める電線や，電線の直径が（③　　　　　）mm以下の場合には，単線を用いてもよい。

2) 電線の接続は，（④　　　　　　）内で行い，金属管内で接続してはならない。

3) 金属管の厚さは，埋め込みの場合（⑤　　　　　）mm以上，その他の場合は（⑥　　　　　）mm以上のものを用いる。

4) 造営材に施設する場合，（⑦　　　　　）などで支持し，支持点間の距離は（⑧　　　　　）m以下とする。

5) 金属管を曲げる場合，その内径の半径は，管内径の（⑨　　　　　）倍以上とする。

6) この工法において，電線の（⑩　　　　　）が劣化し，金属管に（⑪　　　　　）した場合の危険防止のため，使用電圧が300V以下の金属管には（⑫　　　　　）接地工事，300Vを超える金属管には（⑬　　　　　）接地工事を施す。

(3) 合成樹脂管工事について答えよ。

1) 合成樹脂管の支持点間の距離は（①　　　　　）m以下である。

2) 管の接続においては，接着剤を使用する場合，管の差し込み深さは管の外径の（②　　　　　）倍とし，接着剤を使用しない場合，（③　　　　　）倍とする。

3) 管の屈曲部の半径は管の内径の（④　　　　　）倍以上とする。

(4) 金属ダクト工事で，金属ダクトの支持点間の距離は（①　　　　　）m以下である。また，金属ダクトに収める電線の断面積の総和は，ダクトの内部断面積の（②　　　　　）％以下である。

(5) アクセスフロア配線工事では，ケーブルまたは（①　　　　　　　　　　）を使用し，電話・情報通信等の配線に（②　　　　　）および静電誘導による障害が生じないようにする。

(6) 接地工事の工法には，（①　　　　　）方式と（②　　　　　）方式がある。ともに，接地極・接地棒は地表面から（③　　　　　）cm以上の深さに埋設する。

6 **配線設備の調査**　（教科書1 p. 222〜225）

┌───┐
　　　　　学習のポイント

1. 屋内配線工事が完了したとき，竣工調査を行う。

2. 絶縁抵抗の測定には，メガーとよばれる絶縁抵抗計を用いる。

3. 接地抵抗の測定には，接地抵抗計と補助接地棒を用いる。
└───┘

1　次の文の（　　　）に適切な語句を入れよ。

(1)　竣工調査は，屋内配線工事が終わって，電力の（①　　　　　　）を受ける直前に行う調査をいう。この調査には，（②　　　　　　　　）や，（③　　　　　　　　）・（④　　　　　　　　　　）の測定などがある。ただし，点検できない（⑤　　　　　　　　　）などは，工事完了後では点検できないので，必要に応じて（⑥　　　　　　）に調査を行う。

(2)　点検調査は，（①　　　　　　　　　）の係員が，電気設備技術基準・（②　　　　　　　　）などに基づいて行うもので，設計図と照合し，工事（③　　　　　）の適否や，電線そのほかの工事材料に（④　　　　　）な品を使っていないかなどを調べる。

2　次の文の（　　　）に適切な語句を入れよ。

(1)　図(a)は，電線相互間の絶縁抵抗の測定である。測定時には，負荷の機器は（①　　　　　　）。

(2)　図(b)は，1線と大地間の絶縁抵抗の測定である。測定時には，電気機械器具は（①　　　　　　）のままでよい。なお，測定器の取扱いは次のようにする。

1)　E端子リード線は，（②　　　　　　）に接続する。

2)　L端子リード線は，（③　　　　　　）に接続する。

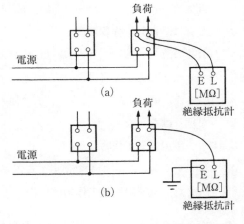

3　右図は200 V，2.2 kW の三相誘導電動機の鉄台の接地抵抗を測定している。次の各問いに答えよ。

(1)　(ア)の名称は（　　　　　　　　）である。

(2)　(イ)，(ウ)の各距離は（　　　　　　）m である。

(3)　この電動機の鉄台には，（　　　　　）種接地工事が施されなければならない。

(4)　測定値は（　　　　　）Ω 以下でなければならない。

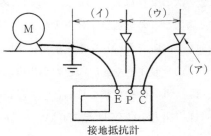

第5章 電気に関する法規

1 電気事業法 （教科書1 p. 231～242）

1 電気事業法の概要・電気設備技術基準 （p. 231～236）

> **―― 学習のポイント ――**
>
> **1.** 電気事業には，発電事業・送配電事業・小売電気事業がある。
>
> **2.** 電気事業法のねらいは，電気の使用者の利益の保護，電気事業の健全な発達および公共の安全の確保，環境の保全にある。
>
> **3.** 電気設備技術基準は，工作物自体の損傷と人体に与える傷害の防止および，電気工作物の機能の確保を目的として定められている。

1 次の文の（ ）に適切な語句または数値を入れよ。

(1) 電気事業には，電気をつくる（① ）事業，送り届ける（② ）事業，一般家庭などの需要家へ販売を行う（③ ）事業がある。

(2) 電気事業の目的は，電気事業の運営を（① ）かつ合理的ならしめることによって，電気の（② ）の利益を保護し，および電気事業の（③ ）な発達をはかるとともに，電気工作物の工事，（④ ）および（⑤ ）を規制することによって，公共の（⑥ ）を確保し，および環境の保全をはかることである。

(3) 一般送配電事業者は，（① ）に電気を供給する（② ）がある。
　　また，電気（③ ），その他の供給条件について，（④ ）大臣の認可を受けなければならない。

(4) 一般用電気工作物は，（① ）以下の電圧で受電し，その受電場所と
（② ）で使用する電気工作物をいう。
　　また，自家用電気工作物は，（③ ）を超える電圧で受電する電気設備をいう。

2 次の文章は各種の電気工作物の内容を示したものである。（ ）に右欄のa～dより最も適切なものを選び記号を入れよ。

(1) 高圧で受電し，電気事業に用いられない電気設備。（ ）

(2) 一般住宅や商店などの小規模な電気設備。（ ）

(3) 電気供給事業を目的とする設備の電気工作物。（ ）

(4) 出力10 kW以上，50 kW未満の太陽電池発電設備。（ ）

a	一般用電気工作物
b	電気事業用電気工作物
c	自家用電気工作物
d	小規模事業用電気工作物

3 次の文の（ ）に適切な語句を入れよ。
　　電気設備技術基準は，電気工作物による各種の（① ）の防止と電気工作物の
（② ）の確保のために定められたものである。

2 **保安規程** （教科書1 p. 236～242）

> **学習のポイント**
>
> **1.** 保安規程は，電気工作物の工事，維持および運用に関する保安を確保するためにある。
>
> **2.** 保安業務の点検には，日常点検・定期点検・精密点検などがある。
>
> **3.** 電気主任技術者は，電気工作物の保安の監督として，保安規程に従って，電気工作物の工事，維持または運用を行う。
>
> **4.** 事故報告には，速報と詳報がある。

1 次の文の（　　　）に適切な語句または数値を入れよ。

(1) 保安業務は，（① 　　　　　　　　　　）を未然に防止するために必要で，巡視・点検・測定試験などがあり，電気設備（② 　　　　　　　　）や（③ 　　　　　　　　　）に従って決める。

(2) 点検の種類は，日常点検や定期点検などがあり，日常点検は，電気設備が

（① 　　　　　　　）されている状態で，施設の（② 　　　　　　　　）を点検するもので，

（③ 　　　　　）ないし（④ 　　　　　　　）に一度行われる。定期点検は（⑤ 　　　　　　　）

ないし（⑥ 　　　　　　　）に一度行われる。

(3) 定期点検の点検項目は，（① 　　　　　　　）抵抗・（② 　　　　　　　　）抵抗，

（③ 　　　　　）の試験，（④ 　　　　　　　　）の動作試験などがある。

(4) （① 　　　　　　　　）電気工作物の設置者は，その電気工作物の工事，（② 　　　　　　　）および運用に関する（③ 　　　　　　　　）を定めるとともに，（④ 　　　　　　　　　）を選任し，

（⑤ 　　　　　　　）大臣に届けなければならない。

(5) 自家用電気工作物を（① 　　　　　　　　）する者は，自家用電気工作物において感電死傷事故が発生したとき，（② 　　　　　　　　）は，事故の発生を知ったときから（③ 　　　　　　　）時間以内に，（④ 　　　　　　　　）は，事故の発生を知った日から起算して（⑤ 　　　　　　　）日以内に報告しなければならない。

2 電気事業法施行規則では，自家用電気工作物を設置する者が保安規程に定めるべき事項を規定しているが，次の事項のうち，規定されていないものは(ア)～(オ)の内どれか。

(ア) 電気工作物の運転または操作に関すること。

(イ) 電気エネルギーの使用の合理化に関すること。

(ウ) 災害の場合にとるべき措置に関すること。

(エ) 電気工作物の工事，維持及び運用に関する保安のための巡視，点検及び検査に関すること。

(オ) 電気工作物の工事，維持及び運用に関する保安についての記録に関すること。

2 その他の電気関係法規 （教科書1 p.243～248）

> ── 学習のポイント ──
> **1.** 電気工事士法の目的は，電気工事の欠陥による災害の発生を防止することである。
> **2.** 電気工事士は，その作業をするときは，技術基準に適合するようにしなければならない。
> **3.** 電気用品安全法の目的は，電気用品による危険および障害の発生を防止することである。

1 次の文の（　　）に適切な語句または数値を入れよ。

(1) 電気工事士法の目的は，電気工事の作業に従事する者の（①　　　　）および義務を定め，もって電気工事の（②　　　　）による（③　　　　）の発生の防止に寄与することである。

(2) 電気工事士法による自家用電気工作物の定義は，（①　　　　）法の定義とは異なり，最大電力（②　　　）kW 未満の自家用需要設備のみをいう。
　　したがって，自家用発電所・（③　　　）および500 kW 以上の需要設備は，（④　　　　）電気工作物から除かれている。

(3) 第一種電気工事士の作業範囲は，一般用電気工作物および500 kW 未満の（①　　　　）電気工作物の電気工事である。また，第二種電気工事士の作業範囲は，（②　　　　）電気工作物の電気工事である。

(4) 電気工事業者の登録の有効期限は，（①　　　）年であり，業務を行う営業所ごとに，（②　　　）年以上の実務経験を有する第二種電気工事士を，（③　　　　）電気工事士として置かなければならない。また，営業所ごとに（④　　　　）を備え，保存しなければならない。

2 次の文の（　　）に適切な語句を入れよ。

(1) 電気用品安全法の目的は，電気用品による（①　　　　）および（②　　　　）の発生を防止することである。

(2) この規制の対象となる電気用品は，一般用電気工作物の（①　　　　）となり，またはこれに接続して用いられる機械，（②　　　　）または材料などである。

(3) 電気用品の製造，輸入または販売の事業を行う者は，定められた（①　　　　）が付されているものでなければ，電気用品を（②　　　　），または販売の目的で（③　　　　）してはならない。

(4) 図の電気用品の表示例で①～③の表示項目を答えよ。

　① （　　　　　　　）

　② （　　　　　　　）

　③ （　　　　　　　）

第6章　照　明

1　光と放射エネルギー　(教科書2 p. 9〜11)

── 学習のポイント ──

1. 光（可視光線）は，X線・紫外線・赤外線・電波などと同じような電磁波である。

2. 高温物体の温度表示に，それと同じ色の光を放つ黒体の温度で表す方法を，色温度という。

3. 高エネルギーレベルに励起された電子が，安定なエネルギーレベルに戻るとき，電子がエネルギーを光として放出する現象をルミネセンスという。

1 次の文の（　　）に適切な語句または数値を入れよ。

(1) 可視光線は（①　　　　）〜（②　　　　）nm の波長をもつ（③　　　　　　）である。

(2) 白熱電球に電流を流すと（①　　　　　　　）や可視光線などエネルギーが放射される。単位時間に放射される全波長のエネルギー量を（②　　　　　），可視光線の場合は（③　　　　　）という。

(3) 一般に，物体は温度が（①　　　）くなると，まわりにエネルギーを放射する。これを（②　　　　）という。また，エネルギーを吸収する割合が（③　　　　）い物体ほど放射エネルギー量が大きく，吸収率（④　　　　）% の物体を黒体という。黒体の温度上昇によって，最大放射エネルギーは変化し，（⑤　　　　）が短くなり，放つ（⑥　　　　）の色が変化する。

(4) 色温度が（①　　　）いと波長が（②　　　　）くなり赤く見え，色温度が（③　　　　）くなると波長が（④　　　　）くなり，青なども合わさって白く見える。

(5) ルミネセンスには，外部から加えられる（①　　　　　　　）の違いにより，（②　　　　　　）ルミネセンス，（③　　　　　）ルミネセンスがある。前者の代表的な例が（④　　　　）ランプで，後者の代表的な例が（⑤　　　　）ランプである。

2 波長が短い順に並べよ。

(1) 紫外線　電波　赤外線　X線
　　（①　　　　），（②　　　　　　），（③　　　　　　），（④　　　　　）

(2) 青　赤　紫　緑
　　（①　　　），（②　　　　），（③　　　　），（④　　　）

3 低圧ナトリウムランプの光の波長は，589 nm である。この光の周波数 f［Hz］はいくらか。

2 光の基本量と測定法 （教科書2 p. 12～21）

1 光束と比視感度・光度 （教科書2 p. 12～14）

学習のポイント
---

1. 光源の放射束のうち，人の目に光として感じる量を光束という。

2. 光束の放射束に対する比を視感度といい，これを最大視感度で割った値を比視感度という。

3. 光度 I [cd] は，$I = \dfrac{\Delta F}{\Delta \omega}$ で表される。

---

1 次の文の（　　　）に適切な語句，記号または数値を入れよ。

(1) 光束は，量記号では（①　　　　　）で表し，単位記号は [（②　　　　　）] を用い，単位の名称は（③　　　　　）である。

(2) ある波長 λ [nm] の放射束が ϕ_λ [W] で，人の目に光束 F_λ [lm] として感じるとき，視感度 K_λ は（①　　　　　）で表され，単位記号は [（②　　　　　）] となる。

(3) 視感度は（①　　　　　）色の波長（②　　　　　）nm のときに最も高く，その値は（③　　　　　）lm/W である。また，この（④　　　　　）K_m を基準にとって，視感度 K_λ を K_m で割った値を（⑤　　　　　）という。

2 次の文の（　　　）に適切な語句，記号または数値を入れよ。

(1) 半径 r [m] の球体において，中心 O から見た円すい状の（①　　　　　）の広がりの度合いを表すのに（②　　　　　）ω を用い，単位記号は [（③　　　　　）] を用い，単位の名称は（④　　　　　）である。円すいの頂点 O を中心とする半径 r m の球面上で，円すいの切り取る面積が A [m²] であるとき，この円すいがつくる立体角 ω は（⑤　　　　　）[sr] で表される。

(2) 半径 r [m] の球の表面積が（①　　　　　）[m²] であるから，全立体角 ω は（②　　　　　）[sr] である。

(3) 点光源からある方向の単位立体角あたりに放射される（①　　　　　）の大きさを，その方向の（②　　　　　）という。量記号は（③　　　　　）で示され，単位記号には [（④　　　　　）] を用い，単位の名称は（⑤　　　　　）である。

3 図のような光源から，立体角 0.02 sr に 5 lm の光束が出ていた。この面の光度 I [cd] はいくらか。

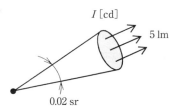

2 点光源と照度　（教科書2 p. 15〜17）

学習のポイント
---

1. 光束を F [lm]，被照射面積を A [m²]，光度を I [cd]，光源と照射面の距離を l [m] とすると，照度 E [lx] は次式で表される。

$$E = \frac{F}{A} = \frac{I}{l^2}$$

2. P 点の法線照度を E_n とすると，水平面照度 E_h と鉛直面照度 E_v は次式のようになる。

$$E_n = \frac{I}{l^2} \qquad E_h = \frac{I}{l^2}\cos\theta = E_n\cos\theta$$

$$E_v = \frac{I}{l^2}\sin\theta = E_n\sin\theta$$

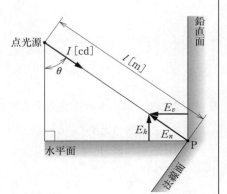

---

1 次の文の（　　　）に適切な語句または記号を入れよ。

(1) 照度は，入射する（①　　　　　）の大きさを（②　　　　　）で割った値で，単位記号は
　[（③　　　　　）] を用い，単位の名称は（④　　　　　）である。

(2) 照度は，距離の（①　　　　）に反比例する。これを，距離の（②　　　　）の法則という。

(3) 入射光束に垂直な面に対する照度を（①　　　　　　　）といい，水平面に対する照度を
　（②　　　　　　　），鉛直面に対する照度を（③　　　　　　　）という。

2 4 m² の面積に 1 000 lm の入射光束があった。照度 E [lx] はいくらか。

3 照度が 1 000 lx，照射面積が 2 m² のとき，入射光束 F [lm] はいくらか。

4 光度 150 cd の点光源から，3 m 離れた点の照度 E [lx] はいくらか。

5 図1の点Pの法線照度 E_n, 水平面照度 E_h, 鉛直面照度 E_v はいくらか。

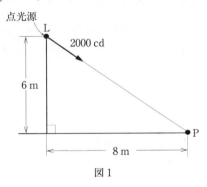

図1

6 図2のように，看板を照らす光源Lがある。看板上の点Pの照度を 200 lx とするためには，光源の LP 方向の光度 I [cd] はいくらか。

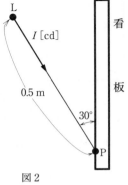

図2

7 図3に示すような水平面上の長方形 ABCD の各隅の直上5mの高さに各2000cdの光度を有する電灯1個ずつを点灯するとき，長方形の中心点Eにおける水平面照度 E_h は何 lx となるか。

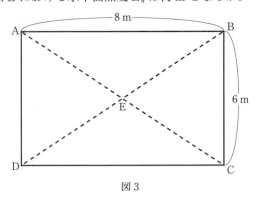

図3

3 面光源と輝度・光の測定法　（教科書2 p. 18〜21）

学習のポイント

1. 光源の発光面積を A [m²]，全光束を F [lm] とすると，光束発散度 M [lm/m²] は次式で表される。

$$M = \frac{F}{A}$$

2. 光源の垂直投影面積が A [m²] で，その方向の光度が I [cd] であるとき，光度 I と A の比を輝度という。輝度 L [cd/m²] は，次式で表される。

$$L = \frac{I}{A}$$

1 次の文の（　　　）に適切な語句を入れよ。

(1) 光源がある大きさをもっている場合，光源の（① 　　　　　　）から発散される
（② 　　　　　　）の面積密度を（③ 　　　　　　）という。

(2) 光源の（① 　　　　　　）の垂直投影面積を A，その方向の（② 　　　　　　）を I としたとき，輝度 L は I を A で割った値である。

(3) 光度の測定には（① 　　　　　　）光度計が用いられる。また，光度や光束の測定では
（② 　　　　　　）を基準としている。

(4) 照度の測定には（① 　　　　　　　　　　）を用いたディジタル照度計などが用いられている。

2 発光面積が $0.2\,\mathrm{m}^2$ で全光束が $100\,\mathrm{lm}$ の面光源があった。この光源の光束発散度 M [lm/m²] はいくらか。

3 発光面の垂直投影面積が $0.5\,\mathrm{m}^2$ で，その方向の光度が $200\,\mathrm{cd}$ であった。輝度 L [cd/m²] はいくらか。

4 長形光度計の測光器が図の点 P で照度が等しくなった。被測定電球の光度 I [cd] はいくらか。ただし，標準電球の水平光度 I_s は $150\,\mathrm{cd}$ とする。

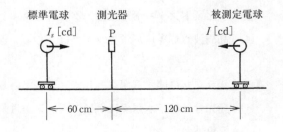

3 光源 （教科書2 p.22～33）

学習のポイント

1. 光源の特性は，効率・色温度・平均演色評価数・寿命などで表す。

2. 光源の種類は，LED ランプ・蛍光ランプ・HID ランプ・白熱電球などがある。

1 次の文の（　　　）に適切な語句を入れよ。

(1) LED ランプは（①　　　　　）ダイオードを用いた照明用光源である。発光は（②　　　　　）ルミネセンスの原理を利用している。白色 LED を発光させるには，光の（③　　　　　）である赤・緑・（④　　　　　）の LED の光を合成する。

(2) LED ランプの特徴は，（①　　　）寿命と（②　　　）エネルギーである。また，周囲温度からの影響をあまり受けない（③　　　）特性をもち，（④　　　）や衝撃に強い。

(3) 蛍光ランプは（①　　　　　　　　　）を利用した光源で，比較的安価であるため，幅広く使われている。白熱電球に比べて寿命が（②　　　　　）い。

2 次の文の（　　　）に適切な語句を入れよ。

(1) HID ランプには，（①　　　）ランプ，（②　　　　　　）ランプ，（③　　　　　　　）ランプがある。

(2) メタルハライドランプは水銀ランプの（①　　　　）と（②　　　　）を改善するため発光管の内部に，水銀のほかに（③　　　　）化合物ガスを封入したランプである。

(3) 白熱電球は，他の光源に比べて効率が（①　　　）く，寿命は（②　　　　）いが，（③　　　　）がすぐれている。

(4) 低圧ナトリウムランプは（①　　　）色の単色光で発光するランプで，（②　　　　）はよいが，（③　　　　）がわるい。

3 蛍光ランプに関する次の記述のうち，誤っているものはどれか。

(1) 管内には，少量の水銀のほか，アルゴンなどが封入されている。

(2) 細いガラス管の内側に蛍光物質が塗ってある。

(3) ラピッドスタート形には，グロースタータが用いられている。

(4) 高周波点灯専用形蛍光ランプは，ちらつきがなく，瞬時点灯ができる。

4 水銀ランプに関する記述として，誤っているものは次のうちどれか。

(1) 発光管には，水銀のほかにアルゴンが封入されている。

(2) 演色性がよい。

(3) 外管の役目は，発光管の保護・保温，紫外線の遮断などのために設けられている。

(4) 発光するまで時間がかかる。

4 照明設計 （教科書2 p. 34〜41）

1 適正照明・照明方式 （教科書2 p. 34〜37）

学習のポイント
---

1. 照明は，物を見やすくすること（明視性）と，生活空間の環境を視覚的に快適にすること（快適性）がおもな役目である。

2. 地球環境に配慮して省エネルギー照明を推進する必要がある。

3. 照明方式には，器具の配置や配光などにより，直接照明や間接照明，全般照明や局部照明などがある。

---

1 次の文は，物がよく見えるための条件を述べたものである。（　　　）に適切な語句を入れよ。

(1) （　　　　　　）が適切であること。

(2) （　　　　　　）が大きいこと。

(3) 明るさや色の（　　　　　　）が適切であること。

(4) 視野内に（　　　　　　）を感じるものがないこと。

(5) 見るのに許される（　　　　　　）がじゅうぶんあること。

2 次の文は，省エネルギー照明を行うための手法の例である。（　　　）に適切な語句を入れよ。

(1) 適切な（①　　　　　　）や照明方式を選択して設計する。

(2) （②　　　　　　）ランプなどの（③　　　　　　）のよい光源と点灯装置を採用する。

(3) 点滅や（④　　　　　　）ができる制御装置や（⑤　　　　　　）センサを採用し，自動的に照明制御を行う。

(4) （⑥　　　　　　）をうまく活用する。

(5) ランプの（⑦　　　　　　）と照明器具の（⑧　　　　　　）を定期的に行う。

3 照明方式について，次の文の（　　　）に適切な語句を入れよ。

　　全般照明は，（①　　　　　　）全体や（②　　　　　　）全体が（③　　　　　　）な照度になるような照明である。一方，必要な（④　　　　　　）だけに照明を行う方法は局部照明とよばれる。一般には，全般照明と局部照明を併用した（⑤　　　　　　　　　）照明を用いることが多い。

② 屋内全般照明の設計　(教科書2 p.37〜41)

> **━━ 学習のポイント ━━**
>
> **1.** 一般に全般照明では，多くの光源を分布して配置し，均一な照度が得られるようにする。
>
> **2.** 屋内全般照明の設計には，次の式が用いられる。
>
> $$NF = \dfrac{EA}{MU}$$
>
> N：照明器具の灯数　　$F\,[\mathrm{lm}]$：光束
>
> $E\,[\mathrm{lx}]$：平均照度　　$A\,[\mathrm{m^2}]$：面積
>
> M：保守率　　　　　U：照明率

1 次の文の（　　）に適切な数値または語句を入れよ。

(1) 作業面を明るくするとき，一般に，机上での作業の場合は（①　　　　　　）cm，座ったままでの作業の場合は（②　　　　　　）cm のところを基準面とする。

(2) 室内の照明において光源からの総光束は，減少して床に達するものもある。総光束に対する（①　　　　　　）に達する光束の割合を（②　　　　　　）という。

(3) 光源は，（①　　　　　　）の経過や器具の（②　　　　　　）状態により，放射する光束がかなり（③　　　　　　）なることがある。照明器具の新設時の照度に対するある一定期間使用したあとの照度の比を（④　　　　　　）という。

2 面積400 m² の作業室を平均照度1 000 lx 程度で照明するのに，60 W 蛍光灯2灯用器具を何個用いればよいか。ただし，蛍光灯1灯の光束は4 300 lm，作業室の照明率は0.45，保守率は0.65とする。

3 教室の間口10 m，奥行8 m，机上から光源までの高さを2 m とすると，室指数 R_i はいくらか。

4 図1のコンピュータ室の作業面の平均照度を1 500 lx 以上にしたい。室指数 R_i とこのとき必要な照明器具の数を求めよ。ただし，照明器具は薄型じか付け器具40 W 蛍光ランプ2灯用で40 W 蛍光ランプ1本の光束を2 400 lm，机上までの高さを2 m，保守率70％，照明率56％ とする。

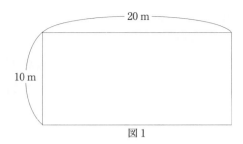

図1

3 道路照明 （教科書 2 p. 41）

学習のポイント

1. 道路照明の目的は，夜間における歩行者の安全や運転手の疲労軽減などである。

2. 道路照明には，光源の配置方式により，片側配列・向合せ配列・千鳥配列がある。

3. 道路照明の計算には，次の式が用いられる。

$$E = \frac{F \times U \times M}{A}$$

E [lx]：照射面の照度　　　　A [m^2]：照射面の面積

F [lm]：照射される全光束　　U：照明率　　M：保守率

---

1 下図の(a)，(b)，(c)は，道路照明の配置方式である。配列名を（　　　）にかけ。

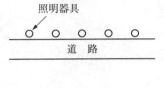
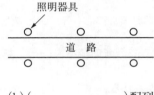
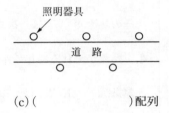

(a) (　　　　　　　　)配列　　(b) (　　　　　　　　)配列　　(c) (　　　　　　　　)配列

2 幅 8 m の道路を 20 m の間隔で 7 500 lm の光源を用いて，片側配列で道路照明したときの平均照度を求めよ。ただし，光源の照明率を 0.4，保守率を 0.6 とする。

3 幅 20 m の道路を 10 000 lm の光束をもつ光源で，向合せ配列で道路照明を行う場合，路面の平均照度を 10 lx にするためには，光源の間隔をいくらにすればよいか。ただし，光源の照明率を 0.6，保守率を 0.8 とする。

[ヒント] 向合わせ配列の照度 E は $E = \dfrac{2FUM}{A}$ [lx] となる。

4 右図のように，幅 15 m の道路の両側に，千鳥配列で道路照明を行う場合，光源の間隔 l [m] を求めよ。

ただし，路面の平均照度を 20 lx，光源 1 灯の光束を 20 000 lm，照明率を 0.3，保守率を 0.8 とする。

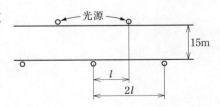

第7章　電気加熱（電熱）

1 電熱の基礎 （教科書2 p.47〜53）

--- 学習のポイント ---

1. 電熱線の発生熱量 Q [J] は，次式で表される。　　　$Q = I^2 Rt = Pt$

2. m [kg] の水を θ [K] 温度上昇させるのに必要な熱量 Q [J] は，熱効率を η とすると，次式で表される。

$$Q = \frac{4.186 \times 10^3 m \theta}{\eta}$$

3. 物体の高温側の温度を θ_2 [℃]，低温側の温度を θ_1 [℃]，熱抵抗を R_T [K/W] とすれば，その熱流 Φ [W] は，次式で表される。

$$\Phi = \frac{\theta_2 - \theta_1}{R_T}$$

4. 熱流が流れる物体の距離を l [m]，断面積を S [m²]，熱伝導率を λ [W/(m·K)] とすると，熱抵抗 R_T [K/W] は，次式で表される。

$$R_T = \frac{1}{\lambda} \cdot \frac{l}{S} = \frac{l}{\lambda S}$$

1 2 kW の電熱器を30分間使用したとき，発生する熱量 Q [kJ] と電力量 W [kW·h] はいくらか。

2 10 kg の水を50℃ 上昇させるのに必要な熱量 Q [kJ] はいくらか。

3 水2リットルを10分間で30℃ から100℃ に加熱することができる電気湯沸かし器を設計したい。その電気湯沸かし器の発熱体の抵抗 R [Ω] を求めよ。ただし，熱効率を100%，電圧を100 V 一定とする。

4　ある物体の高温側が 300 ℃，低温側が 100 ℃，熱流が 2 000 W であった。熱抵抗 R_T [K/W] はいくらか。

5　長さが 10 m，断面積が 0.2 m²，熱伝導率が 100 W/(m·K) の物体がある。熱抵抗 R_T [K/W] はいくらか。

6　図 a のように直径 20 cm，長さ 1 m，熱伝導率 200 W/(m·K) の円筒状物体がある。この物体の一端から 500 W の熱流を加え，物体の温度が安定したとき一端の温度 θ_2 が 100 ℃ であった。物体から熱の放散がないものとしたとき，この物体の熱抵抗 R_T [K/W] および他端の温度 θ_1 [℃] はいくらか。

図 a

7　次の文の（　　　）に適切な語句を入れよ。

(1)　熱の伝わり方には，（①　　　　），（②　　　　）および（③　　　　）がある。

(2)　すべての物体は，（①　　　　）温度の（②　　　　）に比例した強さの
（③　　　　　　　　　　　）を出す。

(3)　発熱体の性質として望ましいのは，適当な（①　　　　　　　）をもち，その
（②　　　　　　　）が大きくないこと，また，（③　　　　　）性が大きく，化学的に
（④　　　　）していること，（⑤　　　　）ガスを発生しないことなどがある。

(4)　金属発熱体には（①　　　　　）・（②　　　　　）・（③　　　　　　　　　　）系の合金線と，
ニクロム線とよばれる（④　　　　　　　）・（⑤　　　　　　）系の合金線が用いられる。

(5)　非金属発熱体は，（①　　　　　），（②　　　　　　　）の発熱体がよく用いられる。

2 各種の電熱装置・電気溶接 （教科書2 p.54〜66）

1 電気炉 （教科書2 p.54〜57）

┌─── **学習のポイント** ───
│ **1.** 抵抗炉には，塩浴炉・タンマン炉・クリプトール炉・黒鉛化炉・カーバイド炉などがある。
│ **2.** アーク炉には，揺動式アーク炉・エルー炉がある。
└

1 次の文の（　　　）に適切な語句を入れよ。

(1) 抵抗炉は，（①　　　　　　　）熱を利用した炉であり，（②　　　　　　）加熱方式と（③　　　　　　）加熱方式がある。

(2) 被加熱物に直接電流を流さないで加熱する抵抗炉を（①　　　　）式抵抗炉という。炉内の溶融塩を加熱する炉を（②　　　　）炉といい，黒鉛管を用いる炉を（③　　　　）炉という。また，炭素粒を発熱体とする炉を（④　　　　　　）炉という。

(3) 被加熱物に直接電流を流して加熱する炉を（①　　　　）式抵抗炉といい，被加熱物が発熱するので，（②　　　　）がよい。黒鉛電極を製造する（③　　　　）炉と電熱化学工業で用いられる（④　　　　　）炉がある。

(4) 被加熱物がアークの熱を受けて加熱される炉を一般に（①　　　　）式アーク加熱炉という。銅合金・アルミニウム合金などの溶融に用いられる炉を（②　　　　）式アーク炉という。

(5) 被加熱物に直接アークを生じさせて加熱する炉を（①　　　　）式アーク加熱炉という。鉄スクラップなどをアーク熱で溶解する炉を（②　　　　）炉という。

2 次の電気炉に関係する炉を語群から選択し，記号を入れよ。

エルー炉	（①　　　　）
揺動式アーク炉	（②　　　　）
タンマン炉	（③　　　　）
黒鉛化炉	（④　　　　）
塩浴炉	（⑤　　　　）
カーバイド炉	（⑥　　　　）

┌──── 語　群 ────
│ A. 直接式抵抗炉
│ B. 間接式抵抗炉
│ C. 直接式アーク炉
│ D. 間接式アーク炉
└

3 加熱温度の高い炉の順番に並べよ。

黒鉛化炉　　クリプトール炉　　エルー炉　　塩浴炉

（①　　　　　　　）→（②　　　　　　　）→（③　　　　　　　）→（④　　　　　　　）

2 誘導加熱装置・誘電加熱装置・赤外加熱装置・電気溶接　(教科書2 p.58〜66)

┌───┐
　　学習のポイント
1. 誘導加熱は，渦電流によるジュール熱によって加熱される。
2. 誘電加熱は，誘電体に高周波電界を加えたときの誘電損を利用して加熱される。
3. 赤外加熱は，赤外放射によって加熱される。
└───┘

1　次の文の（　　　）に適切な語句を入れよ。

(1) 誘導加熱装置は，（①　　　　　）性の被加熱物に（②　　　　　）磁束を加えて
　　（③　　　　　　　）を生じさせ，（④　　　　　　　）熱によって加熱する装置である。

(2) 誘導加熱は，被加熱物を直接加熱するので（①　　　　　　）が高い。また，被加熱物の
　　（②　　　　　　）だけを加熱させることもできる。誘導加熱装置には，（③　　　　　）誘導炉，
　　（④　　　　　）誘導炉，（⑤　　　　　　　　　　）装置などがある。

(3) 誘電加熱は，（①　　　　　）体に（②　　　　）電界を加えると，分子間の（③　　　　　）
　　によって生じる誘導損によって生じる熱を利用したもので，（④　　　　　　　）加熱と
　　（⑤　　　　　　　）加熱がある。

(4) 誘電加熱の応用として，木材の（①　　　　　）や（②　　　　　），家電製品では
　　（③　　　　　　　）に用いられている。

(5) 赤外加熱は，（①　　　　　　）エネルギーによる加熱をいう。特徴として，被加熱物に，直
　　接赤外放射されるので，（②　　　　　　）が速く，（③　　　　　）が高い。

(6) 電気溶接には，（①　　　　　）溶接と（②　　　　　）溶接がある。電気溶接の特徴は，
　　（③　　　　　）を必要としない，（④　　　　）板の大量溶接が容易である，（⑤　　　　）
　　を汚染しない，（⑥　　　　　）制御が容易などである。

(7) アーク溶接用電源は，（①　　　　　）特性をもつ（②　　　　　　）変圧器を用いる。

2　次の加熱方式で，最も関係の深い語句をA群とB群から選択し，記号を入れよ。

　　　　　　　　A群・B群

(1) 抵抗加熱　　（　・　）
(2) アーク加熱　（　・　）
(3) 誘導加熱　　（　・　）
(4) 誘電加熱　　（　・　）
(5) 赤外加熱　　（　・　）

A群	B群
a　電子レンジ	f　塗装の乾燥・焼きつけ
b　遠赤外ヒータ	g　食品の無炎調理
c　エルー炉	h　くず鉄・還元製造
d　表皮効果	i　鋼の表面焼き入れ
e　タンマン炉	j　黒鉛の製造

第8章 電力の制御

1 制御の概要 （教科書2 p. 71〜74）

学習のポイント
---

1. 制御とは，目的の動作をさせるために対象となる物に必要に応じて所要の操作を加えることをいう。

2. 制御の多くは，入力装置・制御装置・出力装置の大きく三つの要素から成り立つ。

3. 制御対象に制御装置を結合して自動的に行われる制御を自動制御という。

4. 外部機器の状態や周囲の状況を検出し，制御装置にデータを送るものをセンサという。

5. アクチュエータは，制御装置からの信号により動力を回転運動や直線運動などの機械的な動きに変換する装置である。

1 制御の基本構成に関して，次の文の（　　　）に適切な語句を入れよ。

(1) 制御の対象となる装置を（　　　　　　）という。

(2) 制御される量を（　　　　　）という。

(3) 制御対象は制御部から操作される。操作する量を（　　　　　　）という。

(4) 制御の目的に対応する命令を（　　　　　）という。

2 下図に制御の基本構成を表すブロック線図を示す。（　　　）に適切な語句を入れよ。

（①　　　　　　　　）→　制御部　→（②　　　　　　　　）→　制御対象　→（③　　　　　　　　）

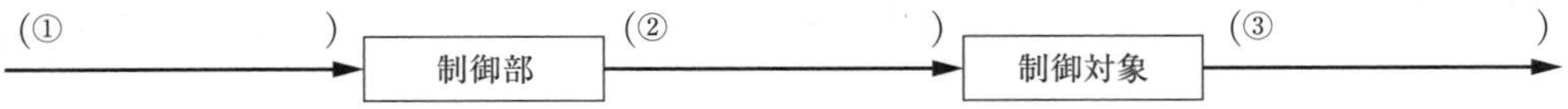

3 次の文の（　　　）に適切な語句を入れよ。

(1) センサは，人でいえば目や耳のような器官に相当し，センサが検出する物理量・化学量を人間の感覚に対応させると，（①　　　　　　）・（②　　　　　　）・（③　　　　　　　）を検出するセンサは視覚に，（④　　　　　　）・（⑤　　　　　　）を検出するセンサは聴覚に，（⑥　　　　　　）・（⑦　　　　　　）・（⑧　　　　　　）を検出するセンサは触覚に対応する。

(2) 機器制御用のセンサは目的によってさまざまな物理量を検出する。マイクロスイッチや光電スイッチは（⑨　　　　　　）を，差動変圧器やポテンショメータは（⑩　　　　　　）を，超音波センサやロータリエンコーダは（⑪　　　　　　）を，圧電式加速度センサや静電容量形加速度センサは（⑫　　　　　　）を，リードスイッチ・ホール素子は（⑬　　　　　　）を検出する。

2 シーケンス制御 （教科書 2 p. 75〜87）

1 シーケンス制御とは・制御用機器 （教科書 2 p. 75〜79）

学習のポイント
---

1. あらかじめ定められた順序，または手続きに従って制御の各段階を逐次進めていく制御を
シーケンス制御という。

2. シーケンス制御では，制御用機器としてスイッチや電磁継電器，ソリッドステートリレー
などが広く使われる。

3. シーケンス制御に利用されている機器には，それぞれ図記号が決められている。

---

1 次の文の（　　）に適切な語句を入れよ。

(1)　（①　　　　　　　　　）制御は，あらかじめ定められた（②　　　　　　）または手続きにし
たがって，制御の各段階を逐次進めていく制御のことである。

(2)　スイッチには，操作しているときだけ接点が閉じる（①　　　　　　　　）接点と，操作すると接
点が開く（②　　　　　　　）接点がある。

(3)　検出スイッチは，制御対象の状態または変化を検出するためのスイッチである。対象の状況
に対応して（①　　　　　　）・②　　　　　　）・③　　　　　　）・④　　　　　　）・
（⑤　　　　　　）・⑥　　　　　　）などの検出に利用される。

(4)　位置検出用のスイッチとして利用されるのが（①　　　　　　　　　　）である。

2 次の図は，シーケンス制御系の構成図である。①〜⑧に当てはまる語句を答えよ。

①（　　　　　　　　　）　　⑤（　　　　　　　　　）

②（　　　　　　　　　）　　⑥（　　　　　　　　　）

③（　　　　　　　　　）　　⑦（　　　　　　　　　）

④（　　　　　　　　　）　　⑧（　　　　　　　　　）

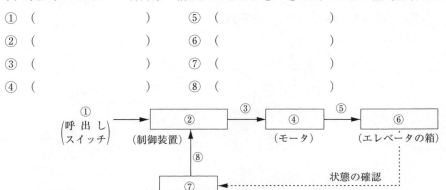

3 次の文の（　　　　）に適切な語句を入れよ。

(1) コイルに電流を流し，コイルに生じる（①　　　　　　　）によって，接点を電気的に開閉する
ものを電磁継電器または（②　　　　　　　）という。

(2) 入力信号の変化から，所要の時間だけ遅れて出力信号が変化するものを
（①　　　　　　　　　　）といい，タイマ，タイムリミットリレーともいう。

(3) 半導体を利用した電気回路の開閉器を（①　　　　　　　　　　　　　）（SSR）という。

4 次の各問いに答えよ。

(1) 次の①〜④までのスイッチの図記号をⓐ〜ⓓの中から選び，
（　　　）にその記号を入れよ。

① 押しボタンスイッチのメーク接点　　　（　　　　）

② 押しボタンスイッチのブレーク接点　　（　　　　）

③ リミットスイッチのメーク接点　　　　（　　　　）

④ リミットスイッチのブレーク接点　　　（　　　　）

(2) 次の①〜⑤までの電磁継電器の図記号をⓐ〜ⓔの中から選び，（　　　）にその記号を入れよ。

① 制御用継電器（メーク接点）　　　　　　　　　（　　　　）

② 電磁接触器（メーク接点）　　　　　　　　　　（　　　　）

③ サーマルリレー（ブレーク接点）　　　　　　　（　　　　）

④ タイマ（瞬時動作限時復帰式形・メーク接点）　（　　　　）

⑤ タイマ（限時動作瞬時復帰式形・メーク接点）　（　　　　）

2 シーケンス制御系の図示方法・シーケンス制御回路 （教科書2 p.79～83）

─── **学習のポイント** ───

1. シーケンス図の制御機器は動作順序に従って，上から下へ，左から右へ進行するように配置する。

2. シーケンス制御回路には，AND，OR などの基本論理回路や自己保持回路などがある。

1 次の文の（　　　）に適切な語句を入れよ。

(1) シーケンス図の制御機器は（①　　　　　）順序に従って，（②　　　　　）から下へ，左から（③　　　　　）へ進行するように配置する。

(2) 始動信号で回路の接点を閉じ，停止信号を加えるまでその状態を保持する回路を（①　　　　　）回路という。

(3) 一方が動作している間は，他方の入力があっても動作しないようにする回路を（①　　　　　）回路という。

(4) シーケンス図の動作を時間経過とともに表したものを（①　　　　　）という。

(5) 限時動作回路に用いるタイマには，コイルが励磁すると，設定時間だけ遅れて接点が動作し，消磁すると瞬時に復帰する（①　　　　　　　　　　）形と，コイルが励磁するとただちに接点が作動し，消磁してから設定時間経過後に復帰する（②　　　　　　　　　　）形がある。

(6) 断続信号を出力する回路を（①　　　　　）回路という。

2 次の①～⑤の回路名に対応する回路図を@～@の中から選び，（　　　）にその記号を入れよ。

① AND 回路（　　　）　　④ 自己保持回路（復帰優先形）（　　　）

② OR 回路　（　　　）　　⑤ 自己保持回路（動作優先形）（　　　）

③ NOT 回路（　　　）

3 プログラマブルコントローラ （教科書2 p.84〜87）

学習のポイント

1. プログラマブルコントローラは，制御内容がプログラムで変更可能な装置である。

2. プログラマブルコントローラは，ラダー図を利用するとプログラムが容易である。

1 次の文の（　）に適切な語句を入れよ。

(1) プログラマブルコントローラ（PLC）は，コンピュータと同じような機能をもち，制御内容が（①　　　　）で変更できる（②　　　　　　）方式の装置である。

(2) PLCでプログラムをつくる場合，（①　　　　）図を利用するとプログラムの作成が容易である。

(3) 図(a)の接点記号は（①　　　）接点，図(b)は（②　　　）接点を表す。

図(a)　　　　図(b)

2 図(c)のラダー図からプログラムを作成するとき，表1のPLCの命令の例を参考に，表2の（　）に入る命令語および機器番号を入れよ。

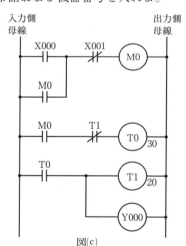

図(c)

〈表2　プログラム〉

アドレス	命令語	機器番号
0000	LD	（①　　　　）
0001	（②　　　　）	M0
0002	ANI	X001
0003	（③　　　　）	（④　　　　）
0004	LD	M0
0005	（⑤　　　　）	T1
0006	OUT	T0 K30
0009	（⑥　　　　）	T0
0010	OUT	T1 K20
0013	（⑦　　　　）	（⑧　　　　）
0014	END	

〈表1　PLCの命令例〉

命令語	機能	ラダー図	命令語	機能	ラダー図
LD ロード	母線接続 メーク接点		LDI ロードインバース （LD NOT）	母線接続 ブレーク接点	
AND アンド	直列接続 メーク接点		ANI アンドインバース （AND NOT）	直列接続 ブレーク接点	
OR オア	並列接続 メーク接点		ORI オアインバース （OR NOT）	並列接続 ブレーク接点	
OUT アウト	リレー出力		END エンド	プログラムの 終了	END

3 フィードバック制御 （教科書2 p.88〜109）

1 フィードバック制御とは・動作 （教科書2 p.88〜91）

┌─── **学習のポイント** ───────────────────────────────┐

1. 制御対象からの出力である制御量を目標値と比較し，近づけていく制御をフィードバック制御という。

2. フィードバック制御は，さまざまなところに利用されており，代表的な制御方法としてサーボ機構・プロセス制御・自動調整がある。

└──┘

1 次の文の（　　）に適切な語句を入れよ。

(1) （①　　　　　　　　　　　　　　）制御は，フィードバックによって制御量を目標値と（②　　　　　　　）し，それらを（③　　　　　　　）させるため，制御対象の出力の一部を制御装置の（④　　　　　　　）へ戻して制御動作を行うものである。

(2) 制御対象の制御量を乱そうとする外部からの入力を（①　　　　　　）という。

(3) フィードバック制御の欠点を補うために，目標値・外乱などの情報に基づいて操作量を決定する制御を（①　　　　　　　　　　　　）制御という。

2 次の文の（　　）に適切な語句を入れよ。

フィードバック制御において，機械的位置や回転角度などの変化する目標値に追従させる制御には（①　　　　　　　　　　）が用いられる。また，温度・圧力・流量など，おもに化学工場・石油工場での生産工程の制御を（②　　　　　　　　　）といい，負荷変動などに対して制御量が一定となる制御を（③　　　　　　　　）という。

3 次の図は，エアコンを例としたフィードバック制御系の構成図である。①〜⑧の構成要素と相互関係を答えよ。

①（　　　　　　　　　　　）　　⑤（　　　　　　　　　　　）

②（　　　　　　　　　　　）　　⑥（　　　　　　　　　　　）

③（　　　　　　　　　　　）　　⑦（　　　　　　　　　　　）

④（　　　　　　　　　　　）　　⑧（　　　　　　　　　　　）

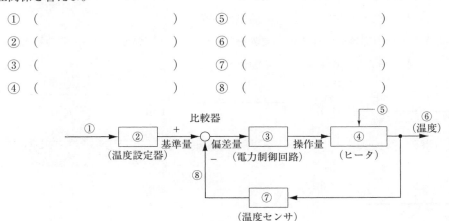

② 伝達関数とブロック線図・いろいろな要素と伝達関数 （教科書2 p.92～101）

┌─── **学習のポイント** ─────────────────────────────┐
1. 制御系の入出力関係を定量的に表すものとして伝達関数があり，信号の流れを表すものに
　ブロック線図がある。
2. 周波数伝達関数の要素には，比例要素・微分要素・積分要素・一次遅れ要素などがある。
3. ブロック線図を等価変換する方法には，直列結合・並列結合・フィードバック結合があり，
　引き出し点・加え合わせ点も移動できる。
└──┘

1 次の文の（　　）に適切な語句または記号を入れよ。

(1) 制御系の入出力関係を定量的に表すものとして（① 　　　　　　　　） があり，信号の流れを
　表すものに（② 　　　　　　　　） がある。

(2) 信号の接続および分岐で，図(a)は（① 　　　　　），図(b)は（② 　　　　　　），図(c)は
　（③ 　　　　　） である。

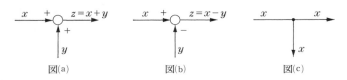

図(a)　　　　　　　　　図(b)　　　　　　　　図(c)

(3) 入力信号として正弦波交流信号を加えた場合の伝達関数を
　（① 　　　　　　　　　　　） といい，（② 　　　　　） で表す。

2 次の文の（　　）に適切な語句または記号を入れよ。

(1) 図1のような入出力応答の特性をもつ要素を（① 　　　　　） 要素といい，その制御動作を
　（① 　　　　　） 動作または（② 　　　　　） 動作という。

(2) 図2のような入出力応答の特性をもつ要素を（① 　　　　　） 要素といい，その制御動作を
　（① 　　　　　） 動作または（② 　　　　　） 動作という。

(3) 図3のような入出力応答の特性をもつ要素を（① 　　　　　） 要素といい，その制御動作を
　（① 　　　　　） 動作または（② 　　　　　） 動作という。

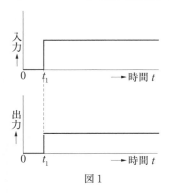
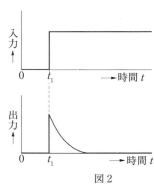
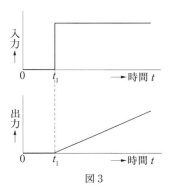

図1　　　　　　　　　　　図2　　　　　　　　　　　図3

3 次の文の（　　　　）に適切な語句，数値または記号を入れよ。

一次遅れ周波数伝達関数の一般式は，

$$\dot{G}(j\omega) = \frac{K}{1+j\omega T}$$

で表され，K を（①　　　　　　　　　　），T を
（②　　　　　　　　） という。

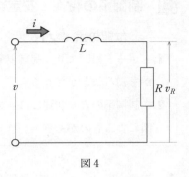

図4

図4において，v と i の間には，次の関係式がなりたつ。

$$v = L\frac{di}{dt} + （③　　　　）$$

ここで入力電圧を $\dot{V}$，出力電流を $\dot{I}$ とすれば，

$$\dot{V} = j\omega L\dot{I} + R\dot{I} = （④　　　　　　　　）\dot{I}$$

したがって，電流 $\dot{I}$ は，$\dot{I} = \dfrac{\dot{V}}{R+j\omega L}$ となり，

出力電圧 $\dot{V}_R$ は，$\dot{V}_R = R\dot{I} = （⑤　　　　　　　　）$ となる。

$\dot{V}$ と $\dot{V}_R$ の周波数伝達関数 $\dot{G}(j\omega)$ は，

$$\dot{G}(j\omega) = \frac{\dot{V}_R}{\dot{V}} = \frac{R}{R+j\omega L} = \frac{（⑥　　　　　　　）}{1+j\omega（⑦　　　　　　）}$$

で，$K = （⑧　　　　），T = （⑨　　　　）$ となる。

4 次のブロック線図全体の伝達関数を求めよ。

まず，G_1 と G_2 の合成 G_{12} を求める。G_1 と G_2
は，直列結合なので，

$$G_{12} = （①　　　　　　　　　　）$$

次に，G_{12} と G_3 の合成 G_{123} を求める。G_{12} と
G_3 は，並列結合なので，

$$G_{123} = G_{12} + G_3 = （②　　　　　　　　　）$$

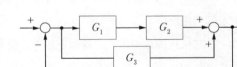

G_{123} と G_4 の合成である全体の伝達関数 G_0 を求める。G_{123} と G_4 は，フィードバック結合なので，

$$G_0 = \frac{G_{123}}{1+G_{123}\cdot G_4} = \frac{（③　　　　　　　　　　）}{1+（④　　　　　　　　　　）}$$

5 次のブロック線図全体の伝達関数を求めよ。

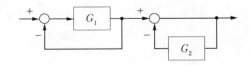

3 制御系の特性・安定判別と補償 （教科書2 p.102～109）

┌─ 学習のポイント ─────────────────────────────────┐

1. ボード線図より，制御要素のゲインや位相が，入力周波数によってどのように変化するのかを知ることができる。

2. 制御系の安定判別には，ステップ応答によるもの，ボード線図によるもの，ナイキスト線図によるものがある。

└──┘

1 次の文の（　　）に適切な語句，式または数値を入れよ。

(1) 右図の目標値に対する制御量の変化で，

a を（①　　　　　　　），

b を（②　　　　　　　）領域，

c を（③　　　　　　　）領域という。

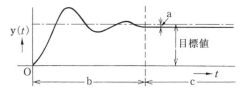

(2) 片対数グラフ用紙を利用し，横軸に角周波数，縦軸にゲインと位相差をとって描く特性曲線を（①　　　　　　　）という。

(3) 一次遅れ要素のボード線図のゲイン特性で，$\omega T = 1$ の場合，ゲイン $g \fallingdotseq$（①　　　　　）dB，$\omega T \ll 1$ の場合，$g \fallingdotseq$（②　　　　　）dB，$\omega T \gg 1$ の場合，$g \fallingdotseq$（③　　　　　　　　　）となる。

2 フィードバック制御系の安定判別について，次の文の（　　）に適切な語句または数値を入れよ。

(1) ステップ応答が減衰振動ならば（①　　　　　　　），発散振動や持続振動ならば（②　　　　　　　）な制御系といえる。

(2) 一巡伝達関数のボード線図を描き，位相 $\theta =$（①　　　　　　）のときに，ゲイン $g < 0$ の場合に（②　　　　　　），$g > 0$ の場合では（③　　　　　）と判断できる。

(3) 角周波数 ω が（①　　　　　　）から（②　　　　　　）まで変化するとき，一巡伝達関数のベクトルの先端の軌跡を（③　　　　　　　　）という。また，この図が図 a のように，点（－1，0）の右側を通る場合は（④　　　　　　　）であり，図 b のように，左側を通る場合は（⑤　　　　　　）である。

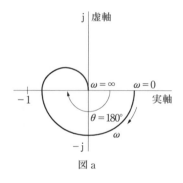

図 a

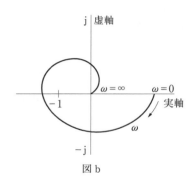

図 b

4 コンピュータと制御 （教科書 2 p. 110〜123）

1 コンピュータ制御とは・インタフェースの概要 （教科書 2 p. 110〜116）

学習のポイント
---

1. 制御装置にコンピュータを使用すると，プログラムの変更だけで制御装置の制御内容を変更でき，複雑な制御系を実現できる。

2. アクチュエータやセンサをコンピュータに接続し，データをやりとりする装置をインタフェースという。

3. 制御用コンピュータには，FA 用コンピュータやマイクロコンピュータを用いた組込み用コンピュータがある。

4. D－A 変換器は，ビット数が多いほど制度の高い変換が可能である。

---

1 次の文の（　　）に適切な語句を入れよ。

（1） 数値制御（NC）を利用した NC 工作機械や産業用ロボットは，制御装置に（①　　　　　）コンピュータを用いている。また，自動車や家電製品なども組込み用コンピュータとして（②　　　　　）コンピュータを使用している。

（2） （①　　　　　）ロボットの各軸などの駆動部には（②　　　　　）が使われ，それらの駆動状態の検出には（③　　　　　）が用いられる。

（④　　　　　）と周辺機器とのデータのやりとりの調整を行う装置を（⑤　　　　　）という。

2 下の図は，コンピュータ制御の構成例の図である。（　　　）に適切な語句を入れよ。

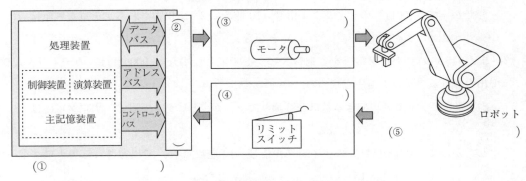

コンピュータ制御の構成例（産業用ロボット）

3 次の文の（　　　）に適切な語句または記号を入れよ。

(1) ディジタル信号をアナログ信号に変換する装置を（①　　　　　　）変換器，アナログ信号を
ディジタル信号に変換する装置を（②　　　　　　）変換器という。

(2) データバスの信号がすべて同時に変化する信号を（①　　　　　　）信号といい，この信号
を扱うインタフェースには，一般に制御用機器とコンピュータの接続に使用される
（②　　　　　　　　）規格がある。

(3) 1本の信号線を使って，データが1ビットずつ順番に伝達される信号を（①　　　　　　）
信号という。この信号を扱うインタフェースには，一般にディジタルカメラとコンピュータの
接続に使用する（②　　　　　　　　）規格がある。

4 次の文の（　　　）に適切な数字を入れよ。

(1) 図のような入出力信号となる4ビットD－A変
換器で，2進数の$(0011)_2$を入力した場合に出力さ
れるアナログ電圧を求める。

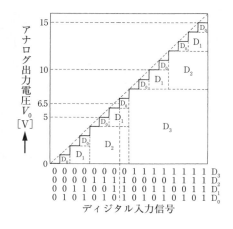

アナログ電圧の0V～15Vの電圧を，2進数の
4ビットのディジタル信号で表現すると，右図の横
軸のように16通りの2進数で表される。ディジタ
ル信号が$(0000)_2$のときのアナログ電圧は，
（①　　　　　）V，$(1111)_2$のときは（②　　　　　）Vで
ある。

2進数4ビットで表現できる数は16通りであるが，
1ビットで表すアナログ電圧は，15Vを15段階に分割するので，1ビットで表すアナログ電
圧は，$\dfrac{15\,\text{V}}{15}=$（③　　　　　）Vとなる。

したがって，$(0011)_2$のディジタル信号（10進数で3）で出力されるアナログ電圧は，
（④　　　　　）V×3＝（⑤　　　　　）Vとなる。

(2) 0V～15Vのアナログ電圧を2進数8ビットで表した場合，$(00001111)_2$のディジタル信号
で出力されるアナログ電圧を求める。

2進数8ビットで表現できる数は256通りであるが，1ビットで表すアナログ電圧は，
$\dfrac{15}{255}=$（①　　　　　）Vとなる。

したがって，$(00001111)_2$のディジタル信号（10進数で15）で出力されるアナログ電圧は，
（②　　　　　）V×15＝（③　　　　　）Vとなる。

② 入出力制御　（教科書 2 p. 120〜123）

学習のポイント
---

1. ホトカプラは電気的ノイズを除去するため，環流ダイオードは逆起電力を吸収するために用いる。

2. ロータリエンコーダは，モータの回転角度や回転速度などを検出する変位センサである。

1　次の文の（　　）に適切な語句または記号を入れよ。

(1)　図1はソレノイド駆動回路である。ⓐを（①　　　　　　）といい，電気的ノイズがコンピュータに影響しないように（②　　　　）するために使用されている。

　　また，ⓑは（③　　　　）ダイオードといい，コイルに発生する逆起電力を（④　　　　）するために使用されている。

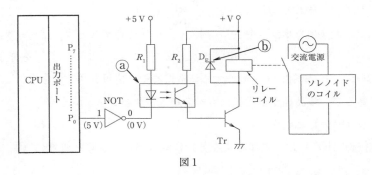

図1

(2)　図2はロータリエンコーダである。これは，モータの軸の回転角度や回転数などを検出する（①　　　　）センサである。

　　（②　　　　）とホトトランジスタの間に3つのスリットを設けた円板をはさみ，A相の波形から回転角度を，A相と（③　　　　）との波形のずれから回転方向を検出する。また，原点位置検出用として（④　　　　）がある。

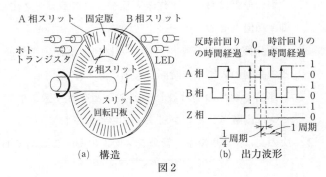

(a)　構造　　　　　(b)　出力波形

図2

❺ 制御の活用事例（教科書2 p.124〜130）

── 学習のポイント ──

1. 自動化された工場では，少人数の操作員のもと，コンピュータ制御で工作機械やロボットが稼働している。

2. 一般住宅やオフィスビルでは，家電製品や電気設備のエネルギー管理システムの導入がはじまっている。

1 次の文の（　　）に適切な語句を入れよ。

(1) 自動化された工場では，（①　　　　　　　　　）や各種の（②　　　　　　　　）などのほとんどが（③　　　　　　　　）制御されている。材料や部品の（④　　　　　）なども自動的に行われるので，各種製品を（⑤　　　　　　）して生産できる。

(2) 工場での生産システムの（①　　　　　　）を，（②　　　　　　　　　　）（FA）という。FAは，産業用ロボットや（③　　　　　）工作機械などコンピュータ制御による製造機器や（④　　　　　　　　　）を用いて，工場の（①　　　　　　　　）を行うものである。

(3) FAはコンピュータ制御により動作する製造機器や，情報システムを用いて工場の自動化を行うものであるが，多品種少量生産にも対応できる生産システムを（①　　　　　　　　）生産システム（FMS）という。

(4) 情報通信技術（ICT）は，さまざまな分野に導入され，生産・管理の（①　　　　　　　）や（②　　　　　　　　）に効果を発揮している。

2 次の文に関係する語句を語群から選び，記号を（　　）に入れよ。

① 製造分野において，作業工程をプログラミング化し，コンピュータを使用してロボットを制御・稼働させる。（　　　　）

② 多品種少量生産を行う場合の材料・部品・半製品・外注品などの品物の入出庫の時間を短縮できる。（　　　　）

③ 部品や製品の受け渡しや運搬などを行う搬送車で，走行パターンは内蔵されたコンピュータで管理されている。（　　　　）

語群
a. 自動倉庫
b. 産業用ロボット
c. 無人搬送車（AGV）

3 次の文は，エネルギー管理システムに関する説明である。（　　）にその名称と略称を入れよ。

	説明文	名称	略称
(1)	生産工場の受変電設備のエネルギー管理と生産設備のエネルギー使用状況を総合管理する。	（①　　　　　　　）管理システム	（②　　　　）
(2)	家庭で使う電気エネルギーを節約するための管理システム。	（③　　　　　　　）管理システム	（④　　　　）
(3)	オフィスビルなどの電気機器の運転やエネルギー使用状況を監視・管理するシステム。	（⑤　　　　　　　）管理システム	（⑥　　　　）

第9章　電気化学

1　電池　（教科書2 p.139～147）

1　一次電池　（教科書2 p.139～141）

─── **学習のポイント** ───

1. 一次電池は，一度使い切ると再使用できない電池である。

2. 一次電池には，マンガン乾電池，アルカリ・マンガン電池，酸化銀電池，空気亜鉛電池，およびリチウム電池などがある。

1 一次電池に使用されている，次の物質の化学式を（　　　）に記入せよ。

a　二酸化マンガン　（①　　　　　）　　　b　塩化亜鉛　　　　（②　　　　　）

c　亜鉛　　　　　　（③　　　　　）　　　d　水酸化カリウム　（④　　　　　）

e　酸化銀　　　　　（⑤　　　　　）　　　f　リチウム　　　　（⑥　　　　　）

2 次の一次電池の正極活物質と負極活物質，電解液，起電力をそれぞれの語群から選択し，空欄に記号を記入せよ。

種類	正極活物質	負極活物質	電解液	起電力
マンガン乾電池	①	②	③	④
アルカリ乾電池	⑤	⑥	⑦	⑧
酸化銀電池	⑨	⑩	⑪	⑫
空気亜鉛電池	⑬	⑭	⑮	⑯
コイン形リチウム電池	⑰	⑱	————	⑲

語　群	a　二酸化マンガン b　酸素 c　リチウム d　酸化銀 e　亜鉛	f　水酸化カリウム g　塩化亜鉛	h　1.55 V i　3.0 V j　1.5 V k　1.4 V

3 下図はアルカリ乾電池とコイン形リチウム電池の構造である。（　　　）に語句を記入せよ。

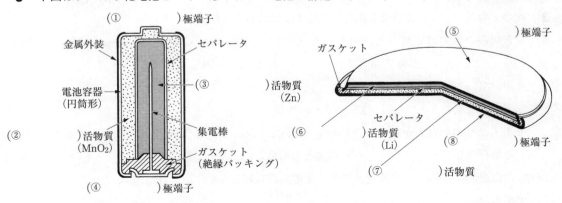

図a　アルカリ乾電池の構造　　　　　　　図b　コイン形リチウム電池の構造

2 二次電池 （教科書2 p. 141〜144）

学習のポイント
---

1. 二次電池は，充放電が可能で，反復して使用できる電池である。

2. 二次電池には，鉛蓄電池，アルカリ蓄電池，リチウムイオン二次電池，およびナトリウム・硫黄電池などがある。

---

1 次の二次電池の正極と負極の活物質，電解液，単電池あたりの起電力をそれぞれの語群から選択し，空欄に記号を記入せよ。

種類	正極活物質	負極活物質	電解液	起電力
鉛蓄電池	①	②	③	④
ニッケル・水素蓄電池	⑤	⑥	⑦	⑧
リチウムイオン二次電池	⑨	⑩	⑪	⑫
語　群	a　オキシ水酸化ニッケル b　二酸化鉛 c　コバルト酸リチウム d　水素吸蔵合金 e　鉛 f　炭素（黒鉛）		g　水酸化カリウム h　希硫酸 i　有機電解液	j　2.0 V k　1.2 V l　3.6〜3.7 V

2 次の二次電池の化学反応式に関係する化学式を（　　　）に記入せよ。

(1) 鉛蓄電池

$$PbO_2 + Pb + 2H_2SO_4 \rightleftarrows (① \qquad) + PbSO_4 + 2H_2O$$

(2) ニッケル・水素蓄電池

$$(① \qquad) + MH \rightleftarrows Ni(OH)_2 + M$$

(3) リチウムイオン二次電池

$$CoO_2 + (① \qquad) \rightleftarrows LiCoO_2 + (② \qquad)$$

3 次の文の（　　　）に適切な語句，記号または数値を入れよ。

(1) 大規模な電力貯蔵用二次電池として（①　　　　　　　　　　）電池がある。負極活物質に（②　　　　　　　），正極活物質に（③　　　　　）を用い，固体電解質に（④　　　　　　　）を用いている。

(2) 反応式は次のようになる。$XS + 2Na \rightleftarrows$（①　　　　　　　）
セル当たりの起電力が約 1.78〜2.08 V と低く，（②　　　　　　　）も小さいため，直並列に接続して集合化し（③　　　　　　　）電池としている。

(3) この電池は，（①　　　　）蓄電池に比べて電力貯蔵密度が（②　　　　）倍と高く，（③　　　　　　　）である。

3 二次電池の充電方式と寿命・電池の性能評価 （教科書2 p.145～147）

学習のポイント

1. 二次電池を充電する方式には，定電圧充電・定電圧定電流充電・浮動充電・トリクル充電・パルス充電などがある。

2. 二次電池の寿命は，充放電のしかたや使用環境などの条件で大きく異なる。

3. 二次電池の性能を評価するにあたって重要な指標に，充放電効率がある。

4. 電気分解による物質の析出量 w [g] は，次式で表される。

$$w = \frac{A}{n} \times \frac{It}{96\,500}$$

n：イオンの価数　　A：物質の原子量
I [A]：流した電流　　t [s]：時間

---

1 次の文は，二次電池の充電方式の原理を述べたものである。（　　　）に充電方式について適切な語句を入れよ。

① 整流装置の直流出力に蓄電池と負荷を並列接続し，蓄電池に一定電圧を加え，つねに充電状態を保つ。　　　　　　　　　　　　　　　　（　　　　　　　　　）充電

② 直流のパルス電流を加えて充電する。　　　　　　（　　　　　　　　　）充電

③ 蓄電池の端子間に加わる電圧を一定にして充電する。（　　　　　　　　）充電

④ 充電池電圧と充電電流の両方を管理・制御して充電する。（　　　　　　）充電

⑤ 自然充電で失った容量を補うため，継続的に微少電流を流す。

　　　　　　　　　　　　　　　　　　　　　　　（　　　　　　　　　）充電

2 次の文の（　　　）に適切な語句を入れよ。

(1) 二次電池の寿命は，一般的に年数ではなく，（①　　　　　　　）と（②　　　　　　　）を1サイクルとして，何回繰り返すことができるかという（③　　　　　　　　　　）で表す。

(2) 二次電池の性能評価の重要な指標に（①　　　　　　　　　）がある。これは，所定の条件で充電や放電した場合の，充電された電気量に対する（②　　　　　　　）の比である。

3 硫酸銅溶液に電極として白金板を用い，20 A の電流を 2 時間流して電気分解させた。陰極に析出する銅の量を求めよ。ただし，銅の原子量を 63.5，銅イオンの価数を 2，ファラデー定数を 96 500 C/mol とする。

4 硝酸銀溶液から銀を 50 g 析出するのに，必要な電気量を求めよ。ただし，銀の原子量は 107.9，銀イオンの価数を 1，ファラデー定数を 96 500 C/mol とする。

2 表面処理・電解化学工業 （教科書2 p. 148～152）

―― 学習のポイント ――

1. めっきは，金属製の器具や装置の部品の表面に，別の金属の薄膜をつけることである。

2. 電気分解で工業製品をつくる産業を電解化学工業という。

3. アルミニウムの原料はボーキサイトである。

---

1 次の文の（　　）に適切な語句を入れよ。

(1) めっきの方法には，（①　　　　）分解により（②　　　　）極の表面に金属を付着させる（③　　　　）めっきのほか，電鋳，真空蒸着などがある。

(2) 研磨したい金属を（①　　　　）極にして（②　　　　　　）すると，金属表面の細かな（③　　　　）部が優先的に溶解して，表面が滑らかになる。これを（④　　　　）研磨という。

(3) 食塩水を電気分解すると，（①　　　　）・（②　　　　）・（③　　　　）が得られる。

(4) アルミニウムの原料は，（①　　　　　　）である。

2 電気めっきに使用される一般的な金属名を五つ（　　）に記入せよ。

（①　　　　）（②　　　　）（③　　　　）（④　　　　）（⑤　　　　）

3 A群に関係するものをB群から選択し，その記号を（　　）に記入せよ。

A群		B群
電解研磨 （①　　）	a	染料・塩酸・塩化ビニルなどの製造
イオン交換膜法 （②　　）	b	アルミニウム・マグネシウムなどの製造
塩素の用途 （③　　）	c	かせいソーダの製造
溶融塩電解 （④　　）	d	アルミニウムの表面酸化
かせいソーダの用途 （⑤　　）	e	化学繊維・薬品・紙などの製造
陽極被膜処理 （⑥　　）	f	洋食器・美術工芸品の研磨

4 次の物質を1kg当たり製造するのに必要な消費電力量はいくらか。（　　）に記入せよ。

(1) かせいソーダ （　　　　）kW·h 程度

(2) アルミニウム （　　　　）kW·h 程度

第10章 電気鉄道

1 電気鉄道の特徴と方式・鉄道線路 （教科書2 p. 157〜161）

学習のポイント
---

1. 電気鉄道は，蒸気機関車やディーゼル車に比べて，エネルギーの利用効率が高く，輸送力の増強や自動制御が容易などの特徴がある。

2. 電気方式には，直流方式と交流方式がある。

3. 鉄道線路は軌道と電気車に電力を供給する電車線路で構成されている。

4. 軌道の曲線部分には，スラックやカントがつけられている。また，こう配は千分率（パーミル，‰）で表される。

5. 電車線路は，トロリ線・き電線および帰線によって構成されている。

---

1 次の文の（　　　）に適切な語句または数値を入れよ。

(1) 直流方式の場合，日本のほとんどの鉄道では（① 　　　　　）Vの電圧が使用されている。

(2) 交流方式では，交流電圧を車内で（① 　　　　　）して直流直巻電動機を作動させる方式と，（② 　　　　　）を用いて交流電動機を作動させる方式とがある。

(3) 軌道は，レール・まくら木・（① 　　　　　）からなりたっている。

(4) 軌間とは，レール頭部の（① 　　　　　）の間隔をいい，軌間が1435 mmのものを（② 　　　　　）といい，これより広いものを（③ 　　　　　）という。日本の新幹線は（④ 　　　　　）である。

(5) 軌道の勾配とは，2点間の高低差を2点間の（① 　　　　　）で割ったもので，（② 　　　　　）で示され，その単位記号は（③ 　　　　　）である。

2 次の文章が説明している語句を，語群から適切なものを選び，（　　　）に記号を記入せよ。

(1) レールの継ぎ目の抵抗を小さくするために，継ぎ目に溶接された銅より線。（　　　）

(2) 電動機に電力を取り入れる集電装置の一つで，地下鉄などの第三レールに用いられている。（　　　）

(3) トロリ線の電圧が高く電流が小さいため，き電線を必要とせず，変電所の間隔を20〜70 kmと大きくすることができるき電方式。（　　　）

(4) 帰線として走行レールを利用する場合，大地に電流が流れ，電気分解によって埋設金属が腐食するおそれがある。（　　　）

(5) 変電所からトロリ線に給電する電車線路。（　　　）

(6) 遠心力で車両が倒れないようにするために，曲線部の外側レールを内側レールよりも高くすること。（　　　）

語群
a 集電靴
b レールボンド
c カント
d 交流き電方式
e き電線
f 電食

2 電気車　（教科書2 p.162〜167）

学習のポイント
---

1. 電気車の電気回路には，主回路・制御回路・補助回路および付属回路がある。

2. 集電装置には，ビューゲル・パンタグラフ・集電靴がある。

3. 主電動機には，直流直巻電動機のほか，広く採用されている三相誘導電動機がある。

4. 速度制御には，電圧制御法・界磁制御法・サイリスタ制御法・インバータ制御法がある。

5. 制動には，機械ブレーキと電気ブレーキとがある。

1　次の文の（　　　）に適切な語句を入れよ。

(1) 直流電気車の主回路には主電動機，主抵抗器，（①　　　　　　），（②　　　　　　）がある。

(2) 電気車に電力を取り入れる装置を（①　　　　　　）という。トロリ線から電力を取り入れる場合には，（②　　　　　　），（③　　　　　　）が用いられ，第三レールから取り入れる場合は（④　　　　　　）が用いられる。

(3) 直流式の電動機には，直流（①　　　　　　）が適している。

2　次の文の（　　　）に適切な語句を入れよ。

直流電気車では，図1のようにサイリスタチョッパ回路を（①　　　　　）に直列に接続して，直流電圧を（②　　　　）制御することにより，（①　　　　　）に加わる直流平均電圧を変えて，速度制御する。

交流電気車では，図2のように主変圧器の（③　　　　　　　）に接続したサイリスタブリッジを位相制御することによって，（④　　　　　　）の大きさを変えて，速度制御する。

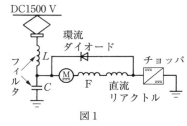

図1

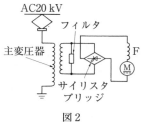

図2

3　次の文の（　　　）に適切な語句を入れよ。

図3のように主電動機を発電機として働かせ，発電した電力を（①　　　　　）に返し，ほかの電気車に電力を供給して，（②　　　　　）を得る方法を電力回生ブレーキという。

電力回生ブレーキは，発電機の電圧が，（③　　　　　　）の電圧より高くなければならないことと，ブレーキをかけたとき，他の電気車が始動または（④　　　　　　）していなければならないことから，（⑤　　　　　）区間で使われていた。今では，運転密度の高い地下鉄や（⑥　　　　　）電車にも使われている。

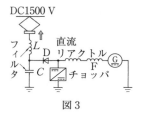

図3

3 信号と保安・特殊鉄道 （教科書2 p.168〜177）

学習のポイント

1. 電気車を安全に運行するために，閉そく信号方式が用いられている。また，各種の自動列車制御装置が使われている。

2. リニアモータカーには，鉄輪式と磁気浮上方式がある。

1 次の文の（　）に適切な語句を入れよ。

(1) 電気車は安全に運転するために，たがいに一定の（①　　　　）を保って走る必要がある。運転速度の速い電気車は，（②　　　　）距離も長いので，追突事故などを起こさないように（③　　　　）区間を設けている。

(2) 自動列車制御方式には，ある地点で地上（①　　　　）を車上へ瞬間的に伝える（②　　　　）制御方式と，軌道回路を通してつねに（③　　　　）信号を車上に伝える（④　　　　）制御方式とがある。

2 次に示す装置の略号を（　）に入れよ。

(1) 自動列車制御装置（　　　　）　　(2) 自動列車運転装置（　　　　）

(3) 自動列車停止装置（　　　　）　　(4) 列車集中制御装置（　　　　）

3 次の文の（　）に適切な語句を入れよ。

(1) リニアモータカーは，（①　　　　）によって推進力を得ている。

(2) 鉄輪式では，車体は（①　　　）で支えられ，推進力には（②　　　　）をするリニアモータが使われている。

(3) 磁気浮上方式には，（①　　　）方式と（②　　　）方式とがある。

(4) 反発方式は，車上に強力な（①　　　　）磁石を置き，地上にはただコイルを並べるだけにして，列車が通過するときだけ（②　　　　）作用により地上コイルを（③　　　　）にして，その反発力を利用して浮上する。

4 次の文の（　）に適切な語句を入れよ。

超電導磁気浮上方式鉄道の推進のしくみを右図に示す。側壁の推進コイルは，（①　　　　）のインバータから供給される電源の周波数により，推進コイルの磁極NとSの極性が切り替わり，（②　　　）磁界が発生する。そして，車両の超電導磁石のNとSとの反発力・（③　　　）力により推進力を得る。また，周波数を変えることにより，（④　　　　）を行うことができる。

第11章　さまざまな電力応用

1 ヒートポンプ （教科書2 p.183〜185）

学習のポイント

1. ヒートポンプは，エネルギー効率のよい熱交換システムである。

2. エアコンは，ヒートポンプ内の凝縮器や蒸発器の中を流れる冷媒の向きを四方弁によって変え，冷房と暖房に利用できる装置である。

---

1 次の文の（　　）に適切な語句を入れよ。

（1）ヒートポンプは，（①　　　　　　）を低温部から高温部へ移動させる装置である。ヒートポンプは，（②　　　　　　）が液体から気体，気体から液体へ変化するときに生じる（③　　　　　　）の授受を利用した，（④　　　　　　　　）効率のよい熱交換システムで，建物の空調や給湯，食品乾燥などに利用されている。

（2）図1で，低温低圧の気体（冷媒）は，（①　　　　　　）で吸入・圧縮されて，高温高圧の気体となる。その気体が（②　　　　　　）を通過する間に，外部に放熱して低温高圧の液体となる。この液体を（③　　　　　　）で急激に膨張させると，圧力が下がり低温低圧の液体となって（④　　　　　　）に達する。この中で大気の熱を吸収し，気化した低温低圧の冷媒はふたたび圧縮機へ戻る。

　　このように，冷媒は（⑤　　　　　　）で放熱，（⑥　　　　　　）で吸熱の動作を繰り返す。

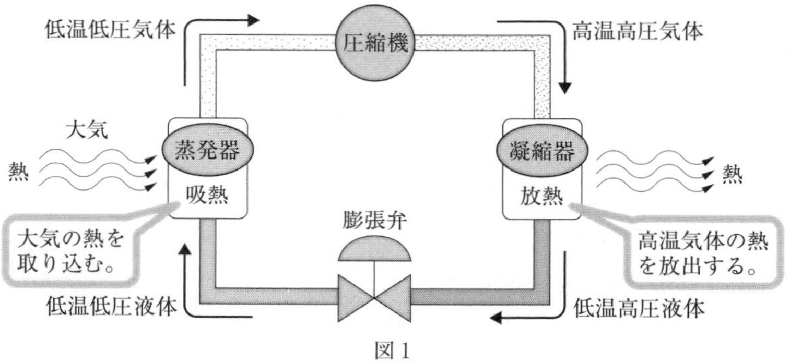

図1

2 次の文の（　　）に適切な語句を入れよ。

　　図2は，ヒートポンプ式エアコンで，（①　　　　　　）を暖房に切り換えた暖房システムである。冬の低い外気温でも冷媒が（②　　　　　　）することを利用している。ヒートポンプ式エアコンに使用される電力は，冷媒を（③　　　　　　）するためだけに使われており，（④　　　　　　）には利用されない。また，圧縮機を駆動する誘導電動機の電源には（⑤　　　　　　）が用いられ，省エネルギー化がはかられている。

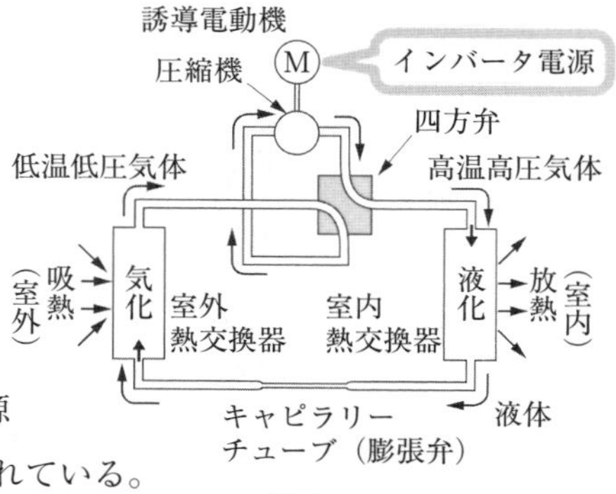

図2

2 加熱調理器・静電気現象の応用 （教科書2 p. 186～189）

学習のポイント
---

1. 加熱調理器には，マイクロ波を利用した電子レンジや，誘導加熱を利用した電磁調理器などがある。

2. 静電気現象は，大気が乾燥しているときに起こりやすく，湿度が高くなると見られない。

3. 静電気を応用した機器には，複写機・レーザプリンタ・電気集じん装置・静電塗装機・静電植毛装置などがある。

---

1 次の文の（　　）に適切な語句または数値を入れよ。

(1) 電子レンジは，発熱効率の高い（①　　　　　）波を（②　　　　　）に照射して加熱調理する。マグネトロンによって発生した（③　　　　　）GHzの（①　　　　　）波が，（④　　　　　）を通り加熱室内に照射される。

(2) 電磁調理器は（①　　　　　）調理器とよばれ，用いるなべは，電気抵抗が（②　　　　　）い（③　　　　　）や（④　　　　　）製のものが使用される。

2 次の文の（　　）に適切な語句を入れよ。

接触している物質を引き離したり，（①　　　　　）したりすると，物質を構成している原子中の電子が，他方の物質に移動することがある。このとき電子が奪われた物質は（②　　　　　）に帯電し，もう一方の物質は電子が過剰となり（③　　　　　）に帯電して，物質間に静電気が発生する。

3 次の文はレーザプリンタの6つの工程の説明である。（　　）に適する語句を入れよ。

内　容

1) 帯電 —— セレン感光体を（①　　　　　）放電によって正極性に帯電させる。

2) 露光 —— レーザ光が当たった部分の感光体の（②　　　　　）電荷が消える。

3) 現像 —— 正に帯電したトナーを感光体に接触させると，（③　　　　　）電荷が消えた部分に付着する。

4) 転写 —— （④　　　　　）放電により，正に帯電しているトナーが転写される。

5) 定着 —— （⑤　　　　　）で圧力をかけて，トナーを紙上に定着させる。

6) 清掃 —— 残留トナーを除去する。

工程図

①帯電　②露光　③現像　④転写　⑤定着（加熱）

3 超音波とその応用 （教科書2 p.190～193）

学習のポイント

1. 超音波とはおよそ 20 kHz 以上の高い振動数をもつ音波のことである。超音波の発生には，磁気ひずみ振動子，圧電振動子が用いられる。

2. 物質中の音波の速さを u [m/s]，周波数を f [Hz] とすると，その波長 λ [m] は，$\lambda = \dfrac{u}{f}$ で表される。

3. 超音波は，機械部品の洗浄・加工・溶接，および食品加工の凝集などに応用されている。
---

1 次の文の（　）に適切な語句または数値を入れよ。

(1) 超音波とは，（①　　　　　　）kHz 以上の高い振動数をもつ音波のことで，気体・液体・（②　　　　　　）などのすべての物質の中を伝搬する。

　超音波は可聴音波より指向性が（③　　　　　　），鋭いビーム状になる。

　高出力の超音波の場合，これを液体中に放射したとき，液体中に気泡が発生し空洞現象が起こる。この現象を（④　　　　　　　　　　　　）という。

(2) 強磁性体にコイルを巻き，交流電流を流して磁化すると，磁界の方向に強磁性体が伸び縮みする。この現象を（①　　　　　　　　　）という。また，結晶体に電界を加えるとひずみ力を生ずる。この性質を（②　　　　　　）という。超音波を発生させるには，このような効果を利用した振動子を用いている。

2 次の各問いに答えよ。

(1) 周波数 300 kHz の超音波の空気中における波長 λ [m] を求めよ。ただし，空気中における音波の速さを 331.45 m/s とする。

(2) 周波数 300 kHz の超音波の水中における波長 λ [m] を求めよ。ただし，水中における音波の速さを 150 m/s とする。

3 次の文の（　）に適切な語句を入れよ。

(1) キャビテーションなどによる洗浄を（　　　　　　　　）という。

(2) ホーンに溶接チップを取り付け，超音波振動を加えることにより，溶接することを（　　　　　　　　）という。

(3) 金属などの傷や溶接部の欠陥を検出する装置を（　　　　　　　　　）という。

(4) 水深や魚群の位置を測定するものに，測深器や（　　　　　　　　　）がある。

電力技術1・2 演習ノート　　実教出版

解　答　編

第1章　発電 (p.3〜19)

1 エネルギー資源と電力 (p.3)

1
① 石炭，石油，天然ガス
② 蒸気タービン　③ ウラン
④ 蒸気タービン　⑤ 水　⑥ 水車
⑦ 太陽光　⑧ 風　⑨ 風車
⑩ 天然噴出蒸気　⑪ 蒸気タービン

2
① 火力　② 水力
③ 再生可能エネルギー　④ 原子力

3
① 需要　② 供給　③ 日負荷
④ くみ上　⑤ 発電　⑥ 平準

4
① 化石　② 二酸化炭素または CO_2
③ 地球温暖化　④ 温室効果

2 水力発電 (p.4〜9)

1 水力発電所の種類(1)
(構造面による分類) (p.4)

1
① 取水口　② 取水ダム　③ 沈砂池
④ 圧力トンネル　⑤ 水槽　⑥ 水圧管
⑦ 放水路　⑧ ダム　⑨ 圧力水路
⑩ サージタンク　⑪ 水圧管　⑫ 放水路
⑬ ダム　⑭ 取水口　⑮ 水圧管
⑯ 放水路

2 (1)—(b)　(2)—(a)　(3)—(c)　(4)—(d)

2 水力発電所の種類(2)
(発電所の運用による分類) (p.5)

1 (1) 流込み式　(2) 揚水式　(3) 貯水池式
(4) 調整池式

2 (a)—×　(b)—○　(c)—×　(d)—○
(e)—○　(f)—×

3 理論水力(1) (p.6)

1 (1) $h_{v_1}=\dfrac{v_1{}^2}{2g}=\dfrac{14^2}{2\times9.8}=\underline{10\text{ m}}$

(2) $h_{p_1}=\dfrac{p_1}{\rho g}=\dfrac{5\times10^5}{1\,000\times9.8}=\underline{51\text{ m}}$

2 ベルヌーイの式で v_1, p_1, p_2, h_2 が 0 となる。したがって，速度水頭は

$$400=\frac{v_2{}^2}{2g}$$

$$v_2=\sqrt{2\times9.8\times400}=\underline{88.5\text{ m/s}}$$

3 $H=H_a-h_l=104-2=\underline{102\text{ m}}$
$P_o=9.8QH=9.8\times10\times102=9\,996$
$\fallingdotseq10\,000\text{ kW}=\underline{10\text{ MW}}$

4 $P=P_o\eta_w\eta_g=10\,000\times0.80\times0.85$
$=\underline{6\,800\text{ kW}}$

5 $P_m=\dfrac{9.8QH_p}{\eta_p\eta_m}=\dfrac{9.8\times8\times80}{0.85\times0.95}=\underline{7\,770\text{ kW}}$

4 理論水力(2) (p.7)

1 (1) $q=kSR\times10^3$
$=0.7\times100\times2\,000\times10^3$
$=140\times10^3\times10^3$
$=\underline{1.4\times10^8\text{ m}^3}$

(2) $Q=\dfrac{q}{365\times24\times60\times60}\text{ m}^3/\text{s}$
$=\dfrac{1.4\times10^8}{365\times24\times60\times60}=\underline{4.44\text{ m}^3/\text{s}}$

(3) $P_p=9.8Q_mH\eta=9.8\times4.44\times100\times0.8$
$=\underline{3\,480\text{kW}}$
$W=8\,760P_p\eta_p=8\,760\times3\,480\times0.6$
$=\underline{1.83\times10^7\text{kW}\cdot\text{h}}$

2
① 日数　② 流量　③ 大きい
④ 95　⑤ 185　⑥ 275　⑦ 355

5 水車の種類(1) (p.8)

1 (1) ① ノズル　② H　③ 噴流
④ ランナ　⑤ 衝動　⑥ ペルトン
(2) ① ケーシング　② ランナ　③ 反動
④ 衝撃

2 (1)—○　(2)—×　(3)—○　(4)—○
(5)—×

6 水車の種類(2) (p.9)

1 $n_r = n_s \dfrac{\sqrt{P}}{H^{\frac{5}{4}}}$ より $n_s = n_r \cdot \dfrac{H^{\frac{5}{4}}}{\sqrt{P}}$

$n_s = \dfrac{211.6}{\sqrt{10\,000}} \times 81^{\frac{5}{4}} = \dfrac{211.6}{100} \times 3^{\left(4 \times \frac{5}{4}\right)}$

$\quad = \dfrac{211.6}{100} \times 3^5 = \dfrac{211.6 \times 243}{100}$

$\quad = \underline{514\ \text{min}^{-1}}$

2 (1) ① (b) ② (c)

(2) ① (a) ② (c)

(3) ① (d)

3 ① カプラン ② フランシス

③ ペルトン ④ フランシス

---

3 火力発電 (p.10〜14)

1 蒸気と熱サイクル (p.10)

1 (1) ① 潜熱 ② 顕熱 ③ 飽和温度

④ 飽和圧力 ⑤ 湿り ⑥ 乾き

(2) ① 高く ② 小さく ③ 22.12

④ 374 ⑤ 0 ⑥ 臨界 ⑦ 臨界温度

⑧ 臨界圧力

2 (1) ① ボイラ ② 過熱器

③ 蒸気タービン ④ 復水器

⑤ 給水ポンプ (2) ⓑ

2 火力発電所の設備 (p.11)

1 (1)—A (2)—C (3)—B, C (4)—A

2 (1)—C (2)—A (3)—B

(4)—C, B, A

3 (1)—B (2)—D (3)—C (4)—A

(5)—A, B

4 ① 排気 ② 凝縮 ③ 真空 ④ 膨張

⑤ 回転力 ⑥ 復水器

3 熱サイクルと熱効率(1) (p.12)

1 (1) ① ランキン ② 抽出 ③ 給水

④ 再生 ⑤ 湿り ⑥ 乾き ⑦ 再熱

⑧ 再熱再生

(2) ① 高圧タービン ② 低圧タービン

③ 抽気 ④ 湿り飽和水蒸気

⑤ 高温の乾き飽和水蒸気

---

2 $\eta_t = \dfrac{3\,600 \times 20 \times 10^3}{80 \times 10^3 \times (3\,550 - 2\,450)} \times 100$

$\quad = \underline{81.8\%}$

4 熱サイクルと熱効率(2) (p.13)

1 (1) ① 発電端熱効率

$\eta = \dfrac{3\,600 \times 500\,000}{105 \times 10^3 \times 44\,000} \times 100 = \underline{39.0\%}$

(2) ① 送電端熱効率

$\eta' = \eta \left(1 - \dfrac{W_a}{W}\right) = 39 \times (1 - 0.04)$

$\quad = 39 \times 0.96 = \underline{37.4\%}$

2 (1) ① 熱勘定図

(2) ① ボイラの発熱量 ② 復水器損失

③ 発電機出力 ④ 所内電力

⑤ 発生電力

5 省エネルギー対策・環境対策 (p.14)

1 (1)—① (2)—③ (3)—④ (4)—②

2 ① 発熱量 ② 暖房

③ コージェネレーション ④ 70〜80

3 (1) 排煙脱硝装置 (2) 電気集じん装置

(3) 排煙脱硫装置

4 ① LNG ② ウラン

③ コンバインドサイクル ④ 風力

---

4 原子力発電 (p.15〜18)

1 原子力発電におけるエネルギー発生の しくみ (p.15〜16)

1 ① 陽子 ② 中性子 ③ 核子

2 ① Z ② A（または $Z + N$）

③ 質量数（または A） ④ 同位体

⑤ $^{235}_{92}\text{U}$

3 $S = 1.007 \times 3 + 1.009 \times 4$

$\quad = 3.021 + 4.036 = \underline{7.057\ \text{u}}$

4 $7.057 - 7.014 = \underline{0.043\ \text{u}}$

5 $U = mc^2$

$\quad = 0.09 \times 10^{-2} \times 4 \times 10^{-3} \times (3 \times 10^8)^2$

$\quad = \underline{3.24 \times 10^{11}\ \text{J}}$

重油の量を M とすると

$$M = \frac{3.24 \times 10^{11}}{41\,000 \times 10^3} = \frac{324}{41} \times 10^3$$
$$= \underline{7\,900\ \text{L}}$$

6 ① ウラン $^{235}_{92}\text{U}$ ② 中性子 ^1_0n

③ 核分裂生成物 ④ 核分裂

7 ① 核分裂 ② 高速中性子

③ 熱中性子 ④ 核分裂 ⑤ 連鎖反応

② 原子炉の構成 (p.17)

1 (1) ① 0.7 ② ^{238}U (2) ① 2～5

② 低濃縮ウラン ③ 20

④ 高濃縮ウラン (3) ① 核分裂性物質

(4) ① 親物質

2 (1) ① 熱 ②～④ 軽水, 重水, 黒鉛

(2) ① 熱エネルギー ②, ③ 軽水, 重水, 炭酸ガス, ヘリウムガス, 液体ナトリウムより二つ

(3) ① 中性子 ②, ③ 軽水, 重水, 黒鉛より二つ

(4) ① 中性子 ② 割合

③～⑤ カドミウム, ホウ素, ハフニウム

(5) ① 臨界状態

③ 軽水炉のしくみ・原子燃料サイクル (p.18)

1 (1) ① 沸騰水型 (2) ① 加圧水型

(3) ① 原子炉 ② 蒸気発生器 ③ 蒸気

2 ①, ③, ⑤, ⑥

3 ① (f) ② (d) ③ (a) ④ (c)

⑤ (b) ⑥ (e)

⑤ 再生可能エネルギーとその他の エネルギーによる発電 (p.19)

1 (1) ① 無限 ② CO_2 ③ 容易

④ 自然 ⑤ 低い ⑥ 面積

(2) ① 単結晶 ② 多結晶 ③ 薄膜系

2 (1) ① セル ② 1 ③ モジュール

④ アレイ

(2) ① ダイオード ② 避雷器

③, ④ インバータ, 保護回路

3 ① $\frac{1}{2}mv^2$ ② $A\rho vt$ ③ $\frac{1}{2}A\rho v^3$

④ 3乗

4 ① 水素 ② 水 ③ 逆

第2章 送電 (p.20～28)

① 送電方式 (p.20)

1 (1) ① 2乗

(2) ①, ② コロナ, 漏れ

(3) $P_{l_0} = \dfrac{rP^2}{V_r^2 \cos^2\theta}$ から,

$$P_l = \frac{rP^2}{(2V_r)^2 \cos^2\theta} = \frac{rP^2}{4V_r^2 \cos^2\theta} = \frac{1}{4}P_{l_0}$$

したがって, 全抵抗損は $\dfrac{1}{4}$ 倍になる。

(4) 線路の抵抗損 P_l を受電端電力 P の 10%(0.1 P) 以内に収めるには

$$P_l = \frac{rP^2}{V_r^2 \cos^2\theta} = 0.1P$$

よって

$$P = \frac{0.1 \times (60 \times 10^3)^2 \times 0.8^2}{10}$$
$$= 2.3 \times 10^7\ \text{W} = \underline{2.3 \times 10^4\ \text{kW}}$$

2 ① 公称電圧 ② 規格 ③ 経済的

④ 連系

② 送電線路 (p.21～26)

① 架空送電線路 (p.21)

1 ① 硬銅より線 ② 鋼心アルミより線

③ 鋼心耐熱アルミ合金より線 ④ 鋼心イ号アルミ合金より線 ⑤ アルミ覆鋼線

2 (1) ① 鋼線 ② 大きく ③ 硬アルミ線

④ ACSR ⑤ 小さ ⑥ 大きい ⑦ 長

⑧ 大きい ⑨ 鋼心耐熱アルミ合金より線

(2) ① 多導体方式 ② コロナ放電

③ 大電流または大きな電流 ④ 2導体

⑤ 4導体

3 ① 鉄塔 ② 電線路 ③ 接地

④ 直撃

② 架空送電線路の機械的特性 (p.22)

1 ① 短 ② 低 ③ 張力 ④ 短絡

⑤　地絡　⑥　安全

2　$D=\dfrac{WS^2}{8T}=\dfrac{15\times200^2}{8\times20\,000}=\underline{3.75\text{ m}}$

$L=S+\dfrac{8D^2}{3S}=200+\dfrac{8\times3.75^2}{3\times200}$

$\qquad=200.2\text{ m}$

電線の伸びは

$L-S=200.2-200$

$\qquad\quad=\underline{0.2\text{ m}}$

3　$T=\dfrac{1}{\sin\theta}P=\dfrac{1}{\sin30°}\times8$

$\qquad=\dfrac{1}{0.5}\times8=\underline{16\text{ kN}}$

4　①　ダンパ　②　アーマロッド
　　③　ギャロッピング　④　スペーサ
　　⑤　スリートジャンプ
　　⑥　難着雪　⑦　オフセット

③　架空送電線路の電気的特性 (p.23)

1　$R=1\,000\rho\dfrac{l}{A}=1\,000\times\dfrac{1}{35}\times\dfrac{300}{800}=\underline{10.7\ \Omega}$

2　$L=0.460\,5\log_{10}\dfrac{D}{r}+0.05\mu_s$

$\qquad=0.460\,5\log_{10}\dfrac{2.5}{8\times10^{-3}}+0.05\times1$

$\qquad=0.460\,5\times2.494+0.05=\underline{1.20\text{ mH/km}}$

3　(1)　①　$3C_m$　②　C_e
　　(2)　$C=C_e+3C_m=0.005+3\times0.001\,5$

$\qquad=0.009\,5\ \mu\text{F/km}$

4　①　等しく　②，③　インダクタンス，静
電容量　④　3　⑤　ねん架

④　中距離送電線路 (p.24)

1　(1)　①　0.12　②　18　③　18　④　9
　　(2)　①　1.3　②　0.195　③　61.2
　　④　61.2　⑤　30.6
　　(3)　①　0.01　②　1.5×10^{-6}　③　2 120
　　④　4.72×10^{-4}　⑤　2.36×10^{-4}

⑤　地中送電線路 (p.25)

1　(1)　①　建設費　②　発見　③　修理
　　④，⑤　風水害，雷　⑥　事故　⑦　信頼
　　(2)　①　腐食　②　アルミニウム

③　ビニル
　　(3)　①　架橋ポリエチレン絶縁ビニルシース
ケーブル　②，③　66，154　④　保守

2　車両その他の重量物の圧力を受ける場所で
は1.2 m以上，その他の場所では0.6 m以
上

3　100〜200 m

4　共同溝式

⑥　電力ケーブルの電気的特性・故障点検知法 (p.26)

1　①　3　②　1　③　6　④　50　⑤　6
　　⑥　22×10^3　⑦　23.9

2　①　絶縁　②　交流　③　進み
　　④　誘電損

3　ブリッジの平衡条件より，

$\qquad(1\,000-a)x=a(2L-x)$

$\qquad1\,000x-ax=2aL-ax$

故障点までの距離 $x=\dfrac{2aL}{1\,000}$

$\qquad=\dfrac{2\times50\times5\times10^3}{1\,000}=\underline{500\text{ m}}$

4　①　断線していない　②　平衡条件
　　③　マーレーループ　④　断線している
　　⑤　静電容量　⑥　静電容量測定

③　送電と変電の運用 (p.27〜28)

①　送電線の事故 (p.27)

1　(1)　①　a　②　c　③　d　④　b
　　(2)　①　a
　　(3)　①，②　c，d

2　(1)　地絡事故のとき地絡電流が大きいた
め，電圧上昇が発生しないので，絶縁が
軽減できる。
　　(2)　地絡電流が大きい。

3　(1)　送電電圧が33 kV以下に用いられる。
　　(2)　地絡電流が小さく，保護継電器が動作し
にくい。
　　(3)　通信線への誘導障害が小さい。

②　送電線路の保護・変電と変電所 (p.28)

1　(1)　①　保護　②，③　過，地絡
　　④　アーク　⑤　消弧

4

(2) ① 事故 ②，③ 位置，種類

④ 切り離す ⑤ 遮断器

⑥～⑧ 過電流，過電圧，方向

(3) ①～④ 超高圧，一次，二次（中間），
配電用

2 ① 計器用変圧器 ② 断路器

③ 遮断器 ④ 変流器 ⑤ 避雷器

⑥ 主変圧器

第3章 配電 (p.29～38)

1 配電系統の構成 (p.29～33)

1 配電線路の構成 (p.29)

1 (1) ① 分岐 ② 構成 ③ 設備費

④ 低い ⑤ 高く ⑥ 多分割多連系

(2) ① ループ状 ② ループ点開閉器

③ 2 ④ 開路 ⑤ 自動投入

(3) ① 22 ② 地中 ③ 変圧器

④ プロテクタ ⑤ 母線 ⑥ 6.6

⑦ 無停電 ⑧ 大口需要家

2 (1) ① 二次側 ② 幹線

③ バンキング

④，⑤ 電圧降下，電力損失 ⑥ 増加

(2) ① 特別高圧 ② プロテクタ

③ 格子状 ④ 信頼度

2 供給設備容量(1) (p.30)

1 (1) ① 最大 ② 100

(2) $3\,000 \times 0.55 = \underline{1\,650\,\text{kW}}$

2 (1) A$=10 \times 0.5 = \underline{5\,\text{kW}}$

B$=7.5 \times 0.5 = \underline{3.75\,\text{kW}}$

C$=12.5 \times 0.5 = \underline{6.25\,\text{kW}}$

D$=15 \times 0.5 = \underline{7.5\,\text{kW}}$

(2) $5 + 3.75 + 6.25 + 7.5 = \underline{22.5\,\text{kW}}$

(3) $22.5 \div 1.45 = \underline{15.5\,\text{kW}}$

(4) $15.5\,\text{kV·A}$ （定格容量は $\underline{20\,\text{kV·A}}$）

3 供給設備容量(2) (p.31)

1 (1) ① 期間 ② 日負荷

(2) ① 負荷率

2 (1) $\underline{1\,400\,\text{kW}}$

(2) $(100 \times 8) + (1\,000 \times 7) + (1\,200 \times 2)$

$+ (1\,400 \times 4) + (800 \times 1) + (600 \times 2)$

$= \underline{17\,800\,\text{kW·h}}$

(3) $\dfrac{17\,800}{24} = \underline{742\,\text{kW}}$

(4) $\dfrac{742}{1\,400} \times 100 = \underline{53\,\%}$

3 平均需要電力 $= \dfrac{672 \times 10^3}{24}$

$= 28 \times 10^3\,\text{kW}$

日負荷率 $= \dfrac{28 \times 10^3}{80 \times 10^3} \times 100 = \underline{35\,\%}$

4 架空配電線路 (p.32)

1 ① 放電クランプ ② 高圧がいし

③ OC ④ 低圧がいし ⑤ OW

⑥ 接地側 ⑦ 非接地側

⑧ ケッチヒューズ ⑨ 柱上変圧器

⑩ 低圧開閉器 ⑪ 高圧カットアウト

⑫ 高圧 ⑬ 6.6 ⑭ 三相3線

⑮ 低圧動力 ⑯ 200 ⑰ 三相3線

⑱ 低圧電灯 ⑲ 100/200 ⑳ 単相3線

5 地中配電線路・配電線路の保護・保安
(p.33)

1 (1) ① CVケーブル ② CVTケーブ
ル

(2) ① 多回路開閉器 ② 供給用配電箱

(3) ① 地上設置変圧器 ② 低圧分岐装置

(4) ① 放射状 ② 負荷密度 ③，④ バ
ンキング，レギュラーネットワーク

2 ① 絶縁 ② 外箱 ③ 低圧側

④ 高圧

3 (1) D種 (2) D種 (3) A種

(4) C種 (5) B種 (6) A種

2 配電線路の電気的特性 (p.34～38)

1 配電線路の電圧調整(1) (p.34)

1 電圧降下を v とすると，

$v = \sqrt{3}(r\cos\theta + x\sin\theta)I$

$= \sqrt{3} \times (0.3 \times 0.8 + 0.2 \times \sqrt{1 - 0.8^2}) \times 100$

$= 62.4\,\text{V}$

$V_r=V_s - v=6\,600 - 62.4=\underline{6\,540\text{V}}$

2 $v_1=(r_1\cos\theta_1 + x_1\sin\theta_1)I_a$
$\qquad + (r_1\cos\theta_2 + x_1\sin\theta_2)I_b$
$\quad =(0.4\times 0.8 + 0.2\times 0.6)\times 150$
$\qquad + (0.4\times 0.6 + 0.2\times 0.8)\times 100$
$\quad =106\text{V}$

$v_2=(r_2\cos\theta_2 + x_2\sin\theta_2)I_b$
$\quad =(0.3\times 0.6 + 0.1\times 0.8)\times 100$
$\quad =26\text{V}$

$v=\sqrt{3}(v_1 + v_2)=\sqrt{3}(106 + 26) + \sqrt{3}\times 132$
$\quad =228.6\text{V}$

$V_b=V_s - v=6900 - 228.6=\underline{6670\text{V}}$

② 配電線路の電圧調整(2) (p.35)

1 (1) ① 1 000 ② 0.04 ③ 50
④ 0.02 ⑤ 100 ⑥ 0.02 ⑦ 50
⑧ 0.01

(2) $v_{AB}=\sqrt{3}(r_2\cos\theta_2 + x_2\sin\theta_2)I_b$
$\quad =\sqrt{3}\times (0.02\times 0.6 + 0.01\times 0.8)\times 150$
$\quad =\underline{5.20\text{V}}$

$v_{sA}=\sqrt{3}\{(r_1\cos\theta_1 + x_1\sin\theta_1)I_a$
$\qquad + (r_1\cos\theta_2 + x_1\sin\theta_2)I_b\}$
$\quad =\sqrt{3}\times \{(0.04\times 0.8 + 0.02\times 0.6)\times 200$
$\qquad +(0.04\times 0.6+0.02\times 0.8)\times 150\}=\underline{25.6\text{V}}$

$v=v_{AB} + v_{sA}=5.20 + 25.6=\underline{30.8\text{V}}$

2 (1) ① 6 000 ② 0.8 ③ 354
④ 354 ⑤ 0.6 ⑥ 354 ⑦ 0.894
⑧ 6 600

(2) ① 6 600 ② 6 000 ③ 10

③ 電力損失と力率の改善 (p.36)

1 (1) ① 減少 ② 降下 ③ 利用率

(2) ① コンデンサ ② 並列 ③ 電源
④ 低圧

(3) $P_{0.9}=P_{0.75}\times \dfrac{\cos^2\theta_{0.75}}{\cos^2\theta_{0.9}}$

$P=600\times \dfrac{0.75^2}{0.9^2}=\underline{417\,\text{W}}$

2 (1) ① $2\pi fC_Y V^2$ ② △結線

(2) $Q=2\pi\times 50\times 40\times 10^{-6}\times 200^2$
$\quad =\underline{0.503\,\text{kvar}}$

(3) $C_\triangle=\dfrac{10\,000}{6\pi\times 50\times 200^2}=\underline{265\,\mu\text{F}}$

④ 進相コンデンサの所要容量の計算(1) (p.37)

1 (1) ① P ② $\tan\theta$ ③ $\tan\theta_0$
④ $P\tan\theta$ ⑤ $(\tan\theta - \tan\theta_0)$

(2) ① 0.7 ② 0.85 ③ 10 ④ 0.7
⑤ 0.714 ⑥ 0.527 ⑦ 0.714
⑧ 0.527 ⑨ 4.0

(3) ① 0.6 ② 0.8 ③ 3.5

⑤ 進相コンデンサの所要容量の計算(2) (p.38)

1 (1) ① 50 ② 0.5 ③ 100

(2) ① 増加率 ② 改善 ③ 経費
④ 利益 ⑤ 0.95

2 ① 0.8 ② 0.6 ③ 191 ④ 0.95
⑤ 0.6 ⑥ 70

第4章 屋内配線 (p.39〜47)

① 自家用電気設備 (p.39〜40)

① 自家用電気施設と設備 (p.39)

1 (1) 中心 (2) 引き出し (3) 可燃物
(4) 搬入 (5) 増設

2 (1) ①—ⓒ ②—ⓐ ③—ⓔ ④—ⓑ
⑤—ⓓ

(2) ① CB ② VCB ③ ACB
④ CT ⑤ VT ⑥ LA ⑦ DS
⑧ LBS ⑨ OCR ⑩ GR
⑪ DGR ⑫ VCT ⑬ CH
⑭ ZCT ⑮ MCCB ⑯ ELCB
⑰ SC ⑱ SR ⑲ AS ⑳ VS

② キュービクル式高圧受電設備 (p.40)

1 ① 500 ② 専任 ③ 保守 ④ 故障
⑤ 操作 ⑥ キュービクル

2 (1) ① 零相変流器 ② 計器用変成器
③ 断路器 ④ 遮断器 ⑤ 電流計切換スイッチ ⑥ 変流器 ⑦ 避雷器 ⑧ 限流ヒューズ付高圧交流負荷開閉器 ⑨ 直列リアクトル ⑩ 高圧進相コンデンサ

(2) ① PF・S ② CB

2 屋内配線 （p.41〜47）

1 回路方式の種類と特徴 （p.41）

1 (1) ① 工場 ② 電気機器
③ 電圧降下 ④ 30
(2) ① 三相誘導電動機
(3) ① 工場 ② 照明 ③ 動力

2 (1) ① ヒューズ ② 中性線
③ B種接地工事 ④ 銅板 ⑤ 200 V
(2) ① 100 ② 100
(3) ① 100 ② 10 ③ 2 000 ④ 5
⑤ 200 ⑥ 10 ⑦ 10 ⑧ 5
⑨ 133 ⑩ 200 ⑪ 67
(4) ① 不平衡 ② 断線 ③ 定格

2 分岐回路 （p.42）

1 (1) ①〜③ 30 A, 40 A, 50 A ④ 配
線用 ⑤ 電線
(2) ① 3

2 (c)

3 ① 600 ② 900 ③ 100 ④ 15
⑤ 12.6 ⑥ 13

3 工事材料 （p.43）

1 (1) ①, ② ビニル絶縁電線, ビニルシー
スケーブル ③ 長寿命
④ 耐水性
(2) ① EM電線 ② EMケーブル
③ 有毒ガス ④ リサイクル

2 (1) ① 軟銅線 ② ビニル絶縁体
③ ビニルシース ④ 耐燃性ポリエチレン
シース ⑤ 軟銅線 ⑥ ポリエチレン絶縁体
(2) ① 600 Vビニル絶縁ビニルシースケー
ブル平形 ② 600 Vポリエチレン絶縁耐燃
性ポリエチレンシースケーブル平形

3 (1) ① 厚鋼電線管 ② 薄鋼電線管
(2) ① PF管 ② CD管
(3) ① 27 ② 35
(4) ① 電流減少係数 ② 0.70 ③ 0.63
④ 0.56

4 配線器具 （p.44）

1 (1) ① 1.1 ② 1.6 ③ 2 ④ 1.6
⑤ 4
(2) ① 開閉器 ② ノーヒューズブレーカ
③ 手動 ④ 1.0 ⑤ 1.25 ⑥ 2
⑦ 1.25 ⑧ 4
(3) ① 電気事業者 ② 遮断
(4) ① 感電 ② 漏電表示

2 (1)―(d) (2)―(c) (3)―(b) (4)―(a) (5)―(e)

5 配線工事 （p.45〜46）

1 ① 電気抵抗 ② 20 ③ 接続管
④ ろう付け

2 (1)―(ニ) (2)―(ロ) (3)―(ハ)

3 (1) ① 乾燥 ② 隠ぺい
③ D
(2) ①〜④ 合成樹脂管工事, 金属管工事,
金属可とう電線管工事, ケーブル工事
(3) ① 1.6

4 (1) ① ビニルシースケーブル ② 2
③ 6
(2) ① 絶縁 ② より線 ③ 3.2
④ ボックス ⑤ 1.2 ⑥ 1.0
⑦ サドル ⑧ 2 ⑨ 6 ⑩ 絶縁
⑪ 漏電 ⑫ D種 ⑬ C種
(3) ① 1.5 ② 0.8 ③ 1.2 ④ 6
(4) ① 3 ② 20
(5) ① キャブタイヤケーブル
② 電磁誘導
(6) ①, ② 接地板埋設, 連結接地棒
③ 75

6 配線設備の調査 （p.47）

1 (1) ① 供給
② 点検調査 ③〜④ 絶縁抵抗, 接地抵抗
⑤ 隠ぺい場所 ⑥ 工事中
(2) ① 電気事業者 ② 内線規程
③ 方法 ④ 粗悪

2 (1) ① はずす
(2) ① 使用状態 ② 接地側 ③ 線路側

3 (1) 補助接地棒 (2) 10 (3) D
(4) 100

第5章　電気に関する法規 (p.48〜50)

⊡1 電気事業法 (p.48)

⊡1 電気事業法の概要・電気設備技術基準 (p.48〜49)

1 (1) ① 発電　② 送配電　③ 小売電気

(2) ① 適正　② 使用者　③ 健全

④ 維持　⑤ 運用　⑥ 安全

(3) ① 需要家　② 義務　③ 料金

④ 経済産業

(4) ① 600V　② 同一構内　③ 600V

2 (1)—c　(2)—a　(3)—b　(4)—d

3 ① 障害　② 機能

⊡2 保安規程 (p.49)

1 (1) ① 電気事故　② 技術基準

③ 保安規程

(2) ① 運転　② 外観　③ 1週間

④ 1か月　⑤ 6か月　⑥ 1年

(3) ①, ② 接地, 絶縁　③ 継電器

④ 遮断器

(4) ① 事業用　② 維持　③ 保安規程

④ 電気主任技術者　⑤ 経済産業

(5) ① 設置　② 速報　③ 24　④ 詳報

⑤ 30

2 (イ)

⊡2 その他の電気関係法規 (p.50)

1 (1) ① 資格　② 欠陥　③ 災害

(2) ① 電気事業　② 500　③ 変電所

④ 自家用

(3) ① 自家用　② 一般用

(4) ① 5　② 3　③ 主任　④ 帳簿

2 (1) ①, ② 危険, 障害

(2) ① 部分　② 器具

(3) ① 表示　② 販売　③ 陳列

(4) ① 特定電気用品のマーク　② 検査機

関の名称　③ 定格など

第6章　照明 (p.51〜59)

⊡1 光と放射エネルギー (p.51)

1 (1) ① 400　② 760　③ 電磁波

(2) ① 赤外線　② 放射束　③ 光束

(3) ① 高　② 熱放射　③ 大き

(4) 100　⑤ 波長　⑥ 光

(4) ① 低　② 長　③ 高　④ 短

(5) ① エネルギー　② エレクトロ

③ ホト　④ LED（または EL）

⑤ 蛍光

2 (1) ① X線　② 紫外線　③ 赤外線

④ 電波

(2) ① 紫　② 青　③ 緑　④ 赤

3 $f\lambda = 3 \times 10^8$ m/s であるから

$$f = \frac{3 \times 10^8}{\lambda} = \frac{3 \times 10^8}{589 \times 10^{-9}}$$
$$= \underline{5.09 \times 10^{14}\ \text{Hz}}$$

⊡2 光の基本量と測定法 (p.52〜55)

⊡1 光束と比視感度・光度 (p.52)

1 (1) ① F　② lm　③ ルーメン

(2) ① $\dfrac{F_\lambda}{\phi_\lambda}$　② lm/W

(3) ① 黄緑　② 555　③ 683

④ 最大視感度　⑤ 比視感度

2 (1) ① 空間　② 立体角　③ sr

④ ステラジアン　⑤ $\dfrac{A}{r^2}$

(2) ① $4\pi r^2$　② 4π

(3) ① 光束　② 光度　③ I

④ cd　⑤ カンデラ

3 $I = \dfrac{\Delta F}{\Delta \omega} = \dfrac{5}{0.02} = \underline{250\ \text{cd}}$

⊡2 点光源と照度 (p.53〜54)

1 (1) ① 光束　② 面積　③ lx

④ ルクス

(2) ① 2乗　② 逆2乗

(3) ① 法線照度　② 水平面照度

③ 鉛直面照度

2 $E=\dfrac{F}{A}=\dfrac{1\,000}{4}=\underline{250\ \text{lx}}$

3 $F=EA=1\,000\times2=\underline{2\,000\ \text{lm}}$

4 $E=\dfrac{I}{l^2}=\dfrac{150}{3^2}=\underline{16.7\ \text{lx}}$

5   L—P 間の距離 l は

$l=\sqrt{6^2+8^2}=10\ \text{m}$ となる。ここで，各照度を求めると

$$E_n=\frac{I}{l^2}=\frac{2\,000}{10^2}=\underline{20\ \text{lx}}$$

$$E_h=E_n\cos\theta=20\times\frac{6}{10}=\underline{12\ \text{lx}}$$

$$E_v=E_n\sin\theta=20\times\frac{8}{10}=\underline{16\ \text{lx}}$$

6   鉛直面照度 E_v の式から光源の I を求めると

$$I=\frac{E_v l^2}{\sin\theta}=\frac{200\times0.5^2}{\sin30°}=\frac{200\times0.25}{0.5}$$
$$=\underline{100\ \text{cd}}$$

7   B—E 間を l_1 とすると

$$l_1=\frac{\sqrt{8^2+6^2}}{2}=5\ \text{m}$$

光源の高さ l_2 は $5\ \text{m}$ であるので光源から E 点の距離 l は

$$l=\sqrt{l_1^{\,2}+l_2^{\,2}}=\sqrt{5^2+5^2}=5\sqrt{2}\ \text{m}$$

ここで，光源 1 個の水平面照度 E_{h_1} は

$$E_{h_1}=\frac{I}{l^2}\cos\theta=\frac{2\,000}{(5\sqrt{2})^2}\times\frac{1}{\sqrt{2}}$$
$$=\frac{2\,000}{50\sqrt{2}}=28.3\ \text{lx}$$

したがって，E 点の水平面照度は

$$E_h=E_{h_1}\times4=\underline{113\ \text{lx}}$$

3 面光源と輝度・光の測定法 (p.55)

1 (1) ① 単位面積 ② 光束
  ③ 光束発散度
 (2) ① 発光面 ② 光度
 (3) ① 長形 ② 標準光源
 (4) ① シリコンホトダイオード

2 $M=\dfrac{F}{A}=\dfrac{100}{0.2}=\underline{500\ \text{lm/m}^2}$

3 $L=\dfrac{I}{A}=\dfrac{200}{0.5}=\underline{400\ \text{cd/m}^2}$

4 $I=I_s\left(\dfrac{l}{l_s}\right)^2=150\times\left(\dfrac{1.2}{0.6}\right)^2=\underline{600\ \text{cd}}$

3 光源 (p.56)

1 (1) ① 発光 ② エレクトロ
  ③ 3原色 ④ 青
 (2) ① 長 ② 省 ③ 温度 ④ 振動
 (3) ① ホトルミネセンス ② 長

2 (1) ①～③ 水銀，メタルハライド，高圧ナトリウム
 (2) ①，② 演色性，効率 ③ ハロゲン
 (3) ① 低 ② 短 ③ 演色性
 (4) ① 黄 ② 効率 ③ 演色性

3 (3)

4 (2)

4 照明設計 (p.57〜59)

1 適正照明・照明方式 (p.57)

1 (1) 照度 (2) 視角 (3) 対比
 (4) グレア（まぶしさ） (5) 時間

2 ① 照度 ② LED ③ 効率
 ④ 調光 ⑤ 人感 ⑥ 昼光 ⑦ 交換
 ⑧ 清掃

3 ① 作業面 ② 室内 ③ 均一
 ④ 箇所 ⑤ 局部的全般

2 屋内全般照明の設計 (p.58)

1 (1) ① 80 ② 40
 (2) ① 基準面 ② 照明率
 (3) ① 時間 ② 保守 ③ 小さく
 ④ 保守率

2 $N=\dfrac{EA}{FMU}$

$$=\frac{1\,000\times400}{(4\,300\times2)\times0.65\times0.45}$$

$$=\underline{159\ \text{個}}$$

3 $R_i = \dfrac{XY}{(X+Y)H} = \dfrac{10 \times 8}{(10+8) \times 2}$

$\quad\quad = \underline{2.22}$

4 $R_i = \dfrac{XY}{(X+Y)H}$

$\quad\quad = \dfrac{20 \times 10}{(20+10) \times 2} = \underline{3.33}$

$N = \dfrac{EA}{FMU}$

$\quad = \dfrac{1\,500 \times 20 \times 10}{(2\,400 \times 2) \times 0.7 \times 0.56} = 159.4$

よって　<u>160 個以上必要</u>

3 道路照明（p.59）

1 (a)　片側　(b)　向合せ　(c)　千鳥

2 $E = \dfrac{FUM}{A} = \dfrac{7\,500 \times 0.4 \times 0.6}{8 \times 20} = \dfrac{1\,800}{160}$

$\quad = \underline{11.3\ \mathrm{lx}}$

3 向合せ配列なので，

$l = \dfrac{2 \times FUM}{WE} = \dfrac{2 \times 10\,000 \times 0.6 \times 0.8}{20 \times 10}$

$\quad = \dfrac{9\,600}{200} = \underline{48\mathrm{m}}$

4 千鳥配列なので，

$l = \dfrac{FUM}{WE} = \dfrac{20\,000 \times 0.3 \times 0.8}{15 \times 20} = \dfrac{4\,800}{300}$

$\quad = \underline{16\mathrm{m}}$

第7章　電気加熱（電熱）
（p.60～63）
1 電熱の基礎（p.60～61）

1 $Q = Pt = 2 \times 10^3 \times 30 \times 60 = \underline{3\,600\ \mathrm{kJ}}$

$W = 2 \times \dfrac{30}{60} = \underline{1\ \mathrm{kW \cdot h}}$

2 $Q = 4.186 \times 10^3 m\theta$

$\quad = 4.186 \times 10^3 \times 10 \times 50 = 2.09 \times 10^6\ \mathrm{J}$

$\quad = \underline{2.09 \times 10^3\ \mathrm{kJ}}$

3 水 1 リットルは 1 kg より，水を 100℃ まで上昇させるのに必要な熱量 Q_1〔J〕は

$\quad Q_1 = 4.186 \times 10^3 \times 2 \times (100 - 30)$

$\quad\quad = 5.86 \times 10^5\ \mathrm{J}$

発熱体が発生する熱量 Q_2〔J〕は

$\quad Q_2 = Pt = \dfrac{V^2}{R} t$

ここで，$Q_1 = Q_2$ であるから

$5.86 \times 10^5 = \dfrac{V^2}{R} t$

したがって

$R = \dfrac{V^2 t}{5.86 \times 10^5} = \dfrac{100^2 \times 10 \times 60}{5.86 \times 10^5}$

$\quad = \underline{10.2\ \Omega}$

4 $R_T = \dfrac{\theta_2 - \theta_1}{\phi} = \dfrac{300 - 100}{2\,000} = \underline{0.1\ \mathrm{K/W}}$

5 $R_T = \dfrac{1}{\lambda} \cdot \dfrac{l}{S} = \dfrac{1}{100} \times \dfrac{10}{0.2} = \underline{0.5\ \mathrm{K/W}}$

6 $R_T = \dfrac{1}{\lambda} \cdot \dfrac{l}{S} = \dfrac{1}{200} \times \dfrac{1}{\pi \left(\dfrac{0.2}{2}\right)^2}$

$\quad = \underline{0.159\ \mathrm{K/W}}$

$\phi = \dfrac{\theta_2 - \theta_1}{R_r}$ より

$\theta_1 = \theta_2 - \phi R_r = 100 - 500 \times 0.159$

$\quad = \underline{20.5\ ℃}$

7 (1)　①～③　伝導，対流，放射

(2)　①　絶対　②　4 乗

③　放射エネルギー

(3)　①　電気抵抗　②　温度係数　③　耐熱

④　安定　⑤　有害

(4)　①～③　鉄，クロム，アルミニウム

④，⑤　ニッケル，クロム

(5)　①，②　黒鉛，炭化ケイ素

2 各種の電熱装置・電気溶接
（p.62～63）
1 電気炉（p.62）

1 (1)　①　ジュール　②，③　間接，直接

(2)　①　間接　②　塩浴　③　タンマン

④　クリプトール

(3)　①　直接　②　熱効率　③　黒鉛化

④　カーバイド

(4)　①　間接　②　揺動

(5)　①　直接　②　エルー

2 ①　C　②　D　③　B　④　A　⑤　B

⑥　A

3 ①　エルー炉（3 000℃）

②　黒鉛化炉（2 500℃）

③　クリプトール炉（1 800℃）

④　塩浴炉（1 400℃）

2 誘導加熱装置・誘電加熱装置・赤外加熱
　装置・電気溶接（p.63）

1 (1) ① 導電　② 交番　③ 渦電流
　④ ジュール
　(2) ① 熱効率　② 表面
　③, ④ 低周波, 高周波　⑤ 高周波焼入れ
　(3) ① 誘電　② 高周波　③ 摩擦
　④ 高周波誘電　⑤ マイクロ波
　(4) ①, ② 接着, 乾燥　③ 電子レンジ
　(5) ① 赤外放射　② 加熱速度
　③ 熱効率
　(6) ①, ② アーク, 抵抗　③ 酸素
　④ 厚　⑤ 環境　⑥ 自動
　(7) ① 垂下　② 磁気漏れ

2 (1) e·j　(2) c·h　(3) d·i
　(4) a·g　(5) b·f

第8章　電力の制御（p.64〜76）

1 制御の概要（p.64）

1 (1) 制御対象　(2) 制御量　(3) 操作量
　(4) 制御命令
2 ① 制御命令　② 操作量　③ 制御量
3 ①〜③ 光量, 形状, 大きさ
　④, ⑤ 音量, 音圧　⑥〜⑧ 圧力, 力, 温
　度　⑨ 位置　⑩ 変位　⑪ 速度
　⑫ 加速度　⑬ 磁気

2 シーケンス制御（p.65〜68）

1 シーケンス制御とは・制御用機器
　　　　　　　　　　　　　（p.65）

1 (1) ① シーケンス　② 順序
　(2) ① メーク　② ブレーク
　(3) ①〜⑥ 位置, 液面, 速度, 温度, 圧
　力, 電圧などから六つ
　(4) ① リミットスイッチ
2 ① 作業命令　② 命令処理部
　③ 制御信号　④ 操作部　⑤ 操作量
　⑥ 制御対象　⑦ 検出部　⑧ 検出信号

3 (1) ① 電磁力　② 電磁リレー
　(2) ① 限時継電器
　(3) ① ソリッドステートリレー
4 (1) ①—c　②—b　③—d　④—a
　(2) ①—e　②—d　③—c　④—a
　⑤—b

2 シーケンス制御系の図示方法・
　　　シーケンス制御回路（p.67）

1 (1) ① 動作　② 上　③ 右
　(2) ① 自己保持　(3) ① インタロック
　(4) ① タイムチャート
　(5) ① 限時動作瞬時復帰
　② 瞬時動作限時復帰
　(6) ① フリッカ
2 ①—d　②—e　③—b　④—c　⑤—a

3 プログラマブルコントローラ（p.68）

1 (1) ① プログラム　② 蓄積プログラム
　(2) ① ラダー
　(3) ① メーク　② ブレーク
2 ① X000　② OR　③ OUT
　④ M0　⑤ ANI　⑥ LD　⑦ OUT
　⑧ Y000

3 フィードバック制御（p.69〜72）

1 フィードバック制御とは・動作（p.69）

1 (1) ① フィードバック　② 比較
　③ 一致　④ 入力側
　(2) ① 外乱
　(3) ① フィードフォワード
2 ① サーボ機構　② プロセス制御
　③ 自動調整
3 ① 目標値　② 設定部　③ 制御部
　④ 制御対象　⑤ 外乱　⑥ 制御量
　⑦ 検出部　⑧ フィードバック量

2 伝達関数とブロック線図・いろいろな
　　　要素と伝達関数（p.70〜71）

1 (1) ① 伝達関数　② ブロック線図
　(2) ① 加算点　② 減算点　③ 分岐点
　(3) ① 周波数伝達関数　② $\dot{G}(j\omega)$

11

2 (1) ① 比例 ② P

(2) ① 微分 ② D

(3) ① 積分 ② I

3 ① ゲイン定数 ② 時定数 ③ Ri

④ $(j\omega L + R)$ ⑤ $\dfrac{R}{R + j\omega L}\dot{V}$ ⑥ 1

⑦ $\dfrac{L}{R}$ ⑧ 1 ⑨ $\dfrac{L}{R}$

4 ① $G_1 \cdot G_2$ ② $G_1 \cdot G_2 + G_3$

③ $G_1 \cdot G_2 + G_3$ ④ $(G_1 \cdot G_2 + G_3)G_4$

5 $G = \left(\dfrac{G_1}{1 + G_1}\right)\left(\dfrac{1}{1 + G_2}\right)$

$\qquad = \dfrac{G_1}{(1 + G_1)(1 + G_2)}$

3 制御系の特性・安定判別と補償 (p.72)

1 (1) ① 定常偏差 ② 過渡特性

③ 定常特性

(2) ① ボード線図

(3) ① -3 ② 0 ③ $-20\log_{10}\omega T$

2 (1) ① 安定 ② 不安定

(2) ① $-180°$ ② 安定 ③ 不安定

(3) ① 0 ② ∞ ③ ナイキスト線図

④ 安定 ⑤ 不安定

---

4 コンピュータと制御 (p.73)

1 コンピュータ制御とは・インタフェース
　　　　　　　　　　　　　の概要 (p.73〜74)

1 (1) ① FA用 ② マイクロ

(2) ① 産業用 ② アクチュエータ

③ センサ ④ コンピュータ

⑤ インタフェース

2 ① コンピュータ ② インタフェース

③ アクチュエータ ④ センサ

⑤ 制御対象

3 (1) ① D−A ② A−D

(2) ① パラレル ② IEEE 488

(3) ① シリアル ② IEEE 1394

4 (1) ① 0 ② 15 ③ 1 ④ 1

⑤ 3

(2) ① 0.058 8 ② 0.058 8 ③ 0.882

---

2 入出力制御 (p.75)

1 (1) ① ホトカプラ ② 絶縁 ③ 環流

④ 吸収

(2) ① 変位 ② LED ③ B相

④ Z相

---

5 制御の活用事例 (p.76)

1 (1) ① 産業用ロボット ② 工作機械

③ コンピュータ ④ 供給 ⑤ 混合

(2) ① 自動化 ② ファクトリーオートメー
ション ③ NC ④ 情報システム

(3) ① フレキシブル

(4) ① 効率化 ② 省エネルギー

2 ① b ② a ③ c

3 ① 工場エネルギー ② FEMS

③ 家庭エネルギー ④ HEMS

⑤ ビルエネルギー ⑥ BEMS

第9章 電気化学 (p.77〜80)

1 電池 (p.77〜79)

1 一次電池 (p.77)

1 ① MnO_2 ② $ZnCl_2$ ③ Zn

④ KOH ⑤ Ag_2O ⑥ Li

2 ① a ② e ③ g ④ j ⑤ a

⑥ e ⑦ f ⑧ j ⑨ d ⑩ e

⑪ f ⑫ h ⑬ b ⑭ e ⑮ f

⑯ k ⑰ a ⑱ c ⑲ i

3 ① ＋ ② 正極 ③ 負極 ④ −

⑤ − ⑥ 負極 ⑦ 正極 ⑧ ＋

2 二次電池 (p.78)

1 ① b ② e ③ h ④ j ⑤ a

⑥ d ⑦ g ⑧ k ⑨ c ⑩ f

⑪ i ⑫ l

2 (1) ① $PbSO_4$ (2) ① NiOOH

(3) ① LiC ② C

3 (1) ① ナトリウム・硫黄 ② ナトリウム

③ 硫黄 ④ ベータアルミナ

(2) ① Na_2S_x ② 容量 ③ モジュール

(3) ① 鉛 ② 3 ③ 長寿命

3 二次電池の充電方式と寿命・
電池の性能評価 (p.79)

1 ① 浮動 ② パルス ③ 定電圧
④ 定電圧定電流 ⑤ トリクル

2 (1) ① 充電 ② 放電 ③ サイクル数
(2) ① 充放電効率 ② 放電容量

3 $w=\dfrac{A}{n}\cdot\dfrac{It}{96\,500}=\dfrac{63.5}{2}\times\dfrac{20\times3\,600\times2}{96\,500}$

$=\underline{47.4\mathrm{g}}$

4 求める電気量を Q とすると,

$Q=It=\dfrac{w\times n\times96\,500}{A}$

$=\dfrac{50\times1\times96\,500}{107.9}=\underline{44.7\times10^{3}\mathrm{C}}$

2 表面処理・電解化学工業 (p.80)

1 (1) ① 電気 ② 陰 ③ 電気
(2) ① 陽 ② 電気分解 ③ 凸
④ 電解
(3) ①〜③ かせいソーダ, 塩素, 水素
(4) ① ボーキサイト

2 ①〜⑤ 銅, ニッケル, クロム, 亜鉛, す
ず, 金, 銀の中から五つ解答。

3 ① f ② c ③ a ④ b ⑤ e
⑥ d

4 (1) 2.4 (2) 13〜14.5

第10章　電気鉄道 (p.81〜83)

1 電気鉄道の特徴と方式・鉄道線路
(p.81)

1 (1) ① 1 500
(2) ① 整流 ② インバータ
(3) ① 道床 (4) ① 内側 ② 標準軌
③ 広軌 ④ 標準軌 (5) ① 水平距離
② 千分率(パーミル) ③ ‰

2 (1) b (2) a (3) d (4) f
(5) e (6) c

2 電気車 (p.82)

1 (1) ①, ② 集電装置, 制御器
(2) ① 集電装置 ②, ③ ビューゲル, パ
ンタグラフ ④ 集電靴
(3) ① 直巻電動機

2 ① 電機子 ② オンオフ ③ 二次側
④ 直流電圧

3 ① 電車線路 ② ブレーキ力
③ トロリ線 ④ 力行 ⑤ 急こう配
⑥ 通勤

3 信号と保安・特殊鉄道 (p.83)

1 (1) ① 間隔 ② 制動 ③ 閉そく
(2) ① 信号 ② 点 ③ 制御 ④ 連続

2 (1) ATC (2) ATO (3) ATS
(4) CTC

3 (1) ① 電磁石
(2) ① 車輪 ② 直線運動
(3) ①, ② 吸引, 反発
(4) ① 超電導 ② 電磁誘導 ③ 電磁石

4 ① 地上変電所 ② 移動 ③ 吸引
④ 速度制御

第11章　さまざまな電力応用
(p.84〜87)

1 ヒートポンプ (p.84)

1 (1) ① 熱 ② 冷媒 ③ 潜熱
④ エネルギー
(2) ① 圧縮機 ② 凝縮器 ③ 膨張弁
④ 蒸発器 ⑤ 凝縮器 ⑥ 蒸発器

2 ① 四方弁 ② 蒸発 ③ 圧縮
④ 電熱 ⑤ インバータ

2 加熱調理器・静電気現象の応用
(p.85)

1 (1) ① マイクロ ② 食品 ③ 2.45
④ 導波管
(2) ① IH ② 大き ③ 鉄

④　ステンレス

2　①　摩擦　②　正　③　負

3　①　コロナ　②　正　③　正　④　コロナ
　　⑤　加圧ローラ

3 超音波とその応用（p.86）

1　(1)　①　20　②　固体　③　強く
　　④　キャビテーション
　　(2)　①　磁気ひずみ効果　②　圧電効果

2　(1)　$\lambda = \dfrac{u}{f} = \dfrac{331.45}{300 \times 10^3} = \underline{1.10 \times 10^{-3}}$ m

　　(2)　$\lambda = \dfrac{u}{f} = \dfrac{150}{300 \times 10^3} = \underline{5 \times 10^{-4}}$ m

3　(1)　超音波洗浄　(2)　超音波溶接
　　(3)　超音波探傷器　(4)　魚群探知機

4 自動車への応用（p.87）

1　(1)　①　電動機
　　(2)　①　シリーズ　②　パラレル
　　③　シリーズ・パラレル

2　(1)　①　制御装置
　　(2)　①　永久磁石形
　　(3)　①　インバータ
　　(4)　①　大きい　②　大きい
　　③　寿命（サイクル数）　④　耐久性

3　(1)　①　燃料電池　②　水素
　　③　電気エネルギー
　　(2)　①　水素　②　二酸化炭素
　　③　大気汚染　④　水
　　(3)　①　2

4 自動車への応用 （教科書 2 p. 194～200）

学習のポイント
---

1. ハイブリッド自動車とは，異なる二つ以上の動力源を備えた自動車である。

2. 電気自動車に用いる電動機には同期電動機，誘導電動機などがある。

3. 燃料電池自動車は，水素と酸素の化学反応によって発電した電気エネルギーで走行する。

---

1 次の文の（　　　）に適切な語句を入れよ。

(1) ハイブリッド自動車は，ガソリンエンジンと（①　　　　　　　　）を組み合わせた動力を用いている。

(2) ハイブリッド自動車の型式には，動力あるいはエネルギーの伝達方式によって，ガソリンエンジンと発電機が直結されており，ガソリンエンジンの動力で発電し，その電力で電動機を駆動する（①　　　　　　　　）方式，ガソリンエンジンと電動機を並列に配置し，電動機がガソリンエンジンを補助する（②　　　　　　　）方式および動力分割機構によってガソリンエンジンと電動機が効率よく分担しながら走行する（③　　　　　　　　　　）方式がある。

2 次の文の（　　　）に適切な語句を入れよ。

(1) 電気自動車の動力および制御系統は，蓄電池，電動機およびこれらを制御する
（①　　　　　　　　）などによって構成される。

(2) 電気自動車に使われる交流電動機は，小形化・高効率化のため希土類永久磁石を用いた
（①　　　　　　　　）同期電動機がおもに用いられている。

(3) 交流電動機の制御方法は，（①　　　　　　　）制御が用いられている。

(4) 電気自動車の蓄電池には，次のような性能が必要である。

  1) エネルギー密度 [W・h/kg] が（①　　　　　　）こと。

  2) 出力密度 [W/kg] が（②　　　　　　）こと。

  3) （③　　　　　　　　）が長いこと。

  4) 小形・軽量で（④　　　　　）がすぐれていること。

3 次の文の（　　　）に適切な語句を入れよ。

(1) 燃料電池自動車は，車体に（①　　　　　　　　　　）を搭載し，燃料の（②　　　　　　　）と酸素の化学反応によって発電した（③　　　　　　　　　　　）で電動機を回転させて走行する自動車である。

(2) 発電に必要な燃料は（①　　　　　）を使用するため，（②　　　　　　　　）やその他の
（③　　　　　　　）物質は排出せず，（④　　　　　　）だけが外部に排出される。

(3) エネルギー効率は，ガソリン自動車の（①　　　　　　）倍程度である。

[〔(工業 740・741)電力技術1・2〕準拠

電力技術1・2　演習ノート

表紙デザイン
キトミズデザイン

● 編　　者——実教出版編修部

● 発行者——小田良次

● 印刷所——大日本法令印刷株式会社

〒102-8377　東京都千代田区五番町5
● 発行所—実教出版株式会社　　電　話〈営業〉(03) 3238-7777
　　　　　　　　　　　　　　　　　　　〈編修〉(03) 3238-7854
　　　　　　　　　　　　　　　　　　　〈総務〉(03) 3238-7700
　　　　　　　　　　　　　　　　　　https://www.jikkyo.co.jp/

002402023　　　　　　　　　　　　　　　ISBN 978-4-407-35699-1